WHAT ARE YOU UP TO

你在忙什么

孔长春◎编著

中国纺织出版社

内 容 提 要

忙碌是大多数人的生活状态，为了生活，我们勤勤恳恳地工作，挖空心思地赚钱，但很多人拼命劳碌依然没有过上富足的生活。这就是本书要阐述和解决的主要问题。

本书是一部引导读者审视自身弱点，剖析自身境况，反思自己行为，分析忙碌状态，提升自我优势，创造自我富足的自我完善读本。通过富有启示的案例，让读者找到人生忙而无获的解法，让自己的时间增值，让忙碌更有成效。

图书在版编目（CIP）数据

你在忙什么／孔长春编著. —北京：中国纺织出版社，2014. 2（2024.4重印）
ISBN 978-7-5180-0173-6

Ⅰ.①你… Ⅱ.①孔… ②高… Ⅲ.①成功心理—通俗读物 Ⅳ.①B848.4-49

中国版本图书馆CIP数据核字（2013）第272801号

策划编辑：闫 星　　责任编辑：曲小月　　责任印制：储志伟

中国纺织出版社出版发行
地址：北京朝阳区百子湾东里A407号楼　邮政编码：100124
邮购电话：010—67004461　传真：010—87155801
http：//www.c-textilep.com
E-mail：faxing@c-textilep.com
北京兰星球彩色印刷有限公司印刷　各地新华书店经销
2014年2月第1版　2024年4月第2次印刷
开本：710×1000　1/16　印张：13.5
字数：188千字　定价：68.00元

前　言

今天这个时代，似乎所有人都处在一种忙碌的状态：忙着赚钱、忙着花钱、忙着工作、忙着玩乐……似乎找不到一个不忙的时候，但是我们这么忙又是为了什么呢?

有这样一个幽默短片讽刺人们的忙碌状态：一个人为了节省时间，及时上班，不但早餐在车上解决，而且穿裤子、刷牙都在车上解决。他左手拿着漱口杯，右手拿着三明治，扛着一条裤子就一头冲进了车里。随即又从车的门缝里探出一只手，抓走了家门口的一块砖头。一路上他先把鞋脱了，赤着双脚，右脚踩油门，同时给左脚穿袜子。然后又用左脚踩油门，给右脚穿上袜子。他穿袜子的动作更是滑稽。只见他把砖头往油门上一靠（正赶上下坡），代替人的力气，他趁机迅速把裤子提到腰上。下一步就是刷牙，只见他把前窗刷窗剂的管子一拔，里面早已储备好的水就立刻喷射了出来，他张开的大嘴正好接住……音乐想起，破车就随着音乐的节奏越开越顺。然而此时，车祸发生了!

这就是我们忙碌追求的结果吗？也许我们大多数人并没有像短片中的主人公那样争分夺秒地在忙，但是有很多人却真实地处在忙个不停的状态：

拼死拼活地工作，大会小会接连不断，手头总有做不完的事情；

想给自己充电提升技能，又找不出空闲的时间；

孩子要上学，是一笔巨大的花费；

想多花一点时间与家人相处，却总是做不到；

想早点退休，但又没有足够的资金作保障；

想给自己放个假，又担心一旦停止工作，生活将陷入窘迫的境地。

忙碌本来是一种充实的表现，说明是有事做还有钱赚。但是为何我们这么忙碌，却那么“穷”？有时候，我们努力赚钱，买自己想要的东西，满足自己的欲望。可是，当我们赚的钱越来越多的时候，我们的欲望却越来越大，我们的内心反倒越来越空虚。

随着时代的发展，我们的生活比起过去吃不饱穿不暖的人真的是好太多了。吃的从天上飞的、地上跑的，到水里游的，应有尽有；穿的也是款式、色彩丰富得数都数不过来。为什么我们却还没有那个粗茶淡饭、粗布麻衣的时代的人快乐呢？不知道从什么时候起，似乎所有的人都在苦苦追寻 “房子、车子、票子……”或者权力、名声，而拥有的人，就是追求更好、更上档次的。难道这些真的就能让我们内心得到满足吗?

有些人，忙活了大半辈子，一直都在向前追着赶着，回过头来才发现，其实人生哪里需要这么多——名与利，生不带来，死不带去。而这一路这么忙碌地追赶，错失很多美好的时刻——陪父母安度晚年、陪伴侣细心地生活、没有参与到孩子每一个重要的成长时刻……所以，我们那么“穷忙”着，又有什么意义呢?

所谓闲与忙，穷与富，其实更多的在于自己的内心感受、心灵状态。虽然忙碌着，但是觉得所忙是有意义的便会觉得乐不知疲；虽然不是大富大贵，但内心丰富、从容平静，便会觉得也是富足。我们只需要在自己的人生道路上，努力美好地追逐自己真正想要的东西，学着对社会对自己都少些苛求，乐观豁达地看待我们的周遭，那么穷也不穷，忙也不忙。

编著者

2013年8月

目　录

[第一堂课]
穷忙：世界上到处都是有才华的穷人

[第二堂课]
你在忙什么：为什么我们忙碌还不快乐

[第三堂课]
忙碌的N种状态：你是否会正确地忙碌

[第四堂课]
对穷忙的工作说“不”：提升工作效率和自我价值

[第五堂课]

让你的时间增值：管理你的时间和工作

[第六堂课]

让人生忙得有价值：规划自己的人生之路

[第七堂课]

让你的钱都花到刀刃上：合理计划才能理性消费

[第八堂课]

摆脱穷忙族的状态：以钱赚钱才能赚到钱

[第九堂课]

不要盲目投资：找到适合你的生财之道

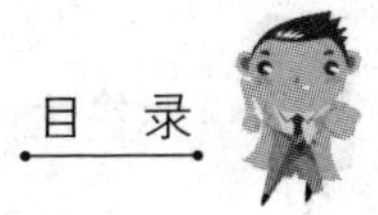

[第十堂课]
创业致富是否可行：在创业的路上摆脱穷忙的状态

[第十一堂课]
做钱的主人不做钱的奴隶：年轻人赚钱有道

[第十二堂课]

每个人都有资格“富闲”：富≠有钱，闲≠享乐

[第一堂课]

穷忙：世界上到处都是有才华的穷人

在今天这个经济高速发展的时代，有一群人，他们钱少事多、忙个不停，却始终是穷光蛋一个；有的则是喊穷不是真的穷，只是主观上没有安全感；还有的是兼了好几份差事，收入不少却不会合理花销导致穷忙……他们就是社会新生的一个族群——穷忙族。

一个叫穷忙族的新生族群

每天，城市里车水马龙，人群匆匆汇集成一股股急涌的潮流，拥塞在繁华CBD的条条马路中间，就像海洋里聚集的沙丁鱼群。当今时代，以族命名的生活形态是各大杂志的新词汇，“人以群分”成了对当今都市人群最好的诠释。

家与公司合二为一的SOHO族，疲于奔命的奔奔族，为买心情而买东西的烧包族……

还有一群钱少事多、忙个不停，却始终是穷光蛋一个，或者是喊穷不是真的穷，只是主观上没有安全感，又或者兼了好几份差事，收入不少却不会合理花销导致穷忙的穷忙族。

穷忙族最早是从欧洲兴起的，最开始的意思是指那些薪水不多，整日奔波劳动，却始终无法摆脱最低生活水准的一群人。后来，穷忙族的定义进一步明确，专指“每周工作时间高于社会平均工作时间，收入低于全体平均标准60%

以下的人群”。

如今，随着处于穷忙状态的人越来越多，穷忙族定义所涵盖的范围已经越来越广了，不再单单指因薪水少而穷忙的人，那些为了填补空虚生活而大肆花费、为了花费而一再忙碌的穷忙人群，也被认为是穷忙一族。也就是说，穷忙族不一定就是指失业者或者低收入在职者，也可能是身兼数职的高薪白领或者是全职的高薪受雇者。这些人有的是为了养家糊口，有的是为了追慕虚荣，满足消费的欲望，牺牲了自我提升的投资甚至身体健康。

很多书上把穷忙族比喻成“驴子”：忙碌在磨盘旁的驴子，日夜不停地忙碌，得到的却永远只是一捆干草。“穷忙族”这个词，既隐含着辛酸的冷幽默感，又让人觉得唏嘘。它相对于那群驰骋商海或“权海”的富忙族来说，显得有些悲凉。这些人群虽然牺牲了休息日，加班加点忙于工作，或身兼数职，但是往往升职的机会都非常渺茫，还没有能力购置家产，而且自身脑力退化速度越来越快，竞争力越来越弱，于是便陷入了越穷越忙、越忙越穷的怪圈而不能自拔。疲于奔命地忙碌使他们失去了生活的热情，忘记了对理想的追逐，内心觉得无比地疲惫却又空虚。

“每天早上，我大概要坐一个小时的地铁，八点半到公司，几乎每天都在超时工作。一天工作十个小时以上是正常的事情，而且没有节假日。这在人们看来是在加班，但是在我的概念里，早就没有了‘加班’二字。因为加班也没有加班费，月工资还不到3000元……我觉得自己就是一台挣钱的机器。赚钱为了花钱，花钱又是为了赚钱。每个月工资到手之后，都是这样左手进，右手出，不知不觉中钱就不见了。我已经陷入了这样一个循环。”某论坛上一位网友如是说。下面的网友回复也纷纷表示自己也处于这样一种无奈的状态。

其实，处于忙碌而迷茫困境中的穷忙族并不在少数。在他们眼里，有钱有闲的富闲生活，只存在于别人的生活里，而自己的生活与那个境界却像是两个世界的。

杜箫从南方的一所大学毕业后坐着火车去了临近的一个大城市，同认识或者不认识的人一起合住着出租屋。生活安顿好之后，从牙缝里省出几百元钱买了身西装，开始了投简历、找工作、面试的忙碌过程。

经过一个月的东奔西走，终于在某广告公司找到了一份媒体代理的工作。作为一个大学毕业不久的职场新人，他本来对未来满怀憧憬。然而工作后才发现，天天累得死去活来，劳心劳力，除了忙还是忙，空有一腔小资情调无处发泄。况且媒体代理这个行业的基本工资都不高，只能够维持基本生存，更多地要靠业绩提成。要想拿到更多的薪水，就必须与客户、领导搞好关系。所以，饭局、K歌、打牌等公关活动自然是不可避免的。但这一切费用都要从自己上个月的工资里出，高档饭店吃一次差不多就能吃掉月工资的一半。杜箫常常为此入不敷出，时常还不到月中钱袋就已见底了。但为了赢得客户，尽快走出低薪阶层，他不得不拼命穷忙，忙着处理大量业务来提高自己的业绩，每天回到家时已是午夜时分。偶尔周末和几个同学约好去郊外骑车、爬山、看景也成了难得的享受。

杜箫只是现今社会里的一个缩影。看一下网上各大论坛都很容易找到很多与他同病相怜的人。许多网友在忙碌了一年，进行年终总结时，都无法找到令人兴奋的理由。职位升了，银行卡里钱多了，贷款买房成“房奴”了，还是信用卡的还款账户钱多了？答案都是否定的。最真实的感受却是，他们就如一只想咬自己尾巴的老鼠，整日团团转却没有结果。这就是忙碌一年下来的最终收获。

不仅这些上班族身上透着忙碌的气息，就是整个社会也都在迎合人们的紧张心理而浸透在一片忙碌之中。

比月光族更穷，比过劳模更忙

穷忙族仿佛囊括了当今社会中很多人的生活状态。有人把穷忙族的特征归纳为：穷忙族=月光族+过劳模。其实更确切地说，穷忙族应该是比月光族更穷，比过劳模更忙的群体，即穷忙族=比月光族更穷+比过劳模更忙。随着经济全球化的迅速发展，穷忙族的队伍日趋壮大，越来越多的人沦落为或被沦为穷忙族。

跟穷忙族相比，月光族的收入相对稳定，而且没有穷忙族忙。相比而言，月光族一般不用愁下个月没钱花，而穷忙族的收入反倒比较不固定。所以，大多穷忙族表示“我们比月光族更可怜，他们花钱往往是主动行为，就是想把钱花完。但我们是被‘逼’的，工作忙、工资低，想攒钱都攒不了”。

很多工薪阶层一直以来的状态就是不知为谁辛苦为谁忙。当他们第一次听说“穷忙族”这个词的时候，仿佛真的“找到组织”了。大多面临这样的状况：孩子还小，未来的开支无法预估；老人身体欠佳，照顾老人成了重要的家庭任务；工作更是五味杂陈，难以尽数。

“我在上海打拼多年，到了谈婚的年龄，仍住在每月1500元租金的出租屋里。”在媒体工作的王锐说自己是不折不扣的穷忙族。每月的收入一半交给房东和支付水电煤气、交通费用，一半用来应酬和交际，根本无法积蓄，就连想做“房奴”和“车奴”都没资格。

为业绩奔忙，为“饭碗”担心，为升迁忧虑，为车子、房子、子女的教育费劳作……当这些职场人士接触到“穷忙”的概念后，便快速“入队”：我们就是穷忙族，比过劳模更忙，比月光族更穷！

穷忙族拥有的是比月光族更多的无奈。他们每天疲于奔命，要做的事情永远没有尽头，甚至没有休息日。天天加班，整天忙得顾头不顾脚，到头来所得的收入却寥寥无几，所以他们还不如月光族。月光族至少花钱买来了享受，也算是自得其乐了。只要我们细心观察，会发现职场上的穷忙族比比皆是。他们究竟为何会穷忙？难道他们甘心这样一直穷忙下去吗？

我们可以通过网上调查的一些具体实例来体会一下穷忙族的穷忙。

上海市某私企一白领很坦率地承认，自己就是彻头彻尾的穷忙族。她是一家广告公司的客户经理，平时常常忙得四脚朝天。有一次，她的朋友问她为何那么忙。她长叹一声道：“我来跟你说说今天上午发生的那几件事情吧。”

“我今天早上刚进公司，就有几个人找我汇报问题。首先是公司的前台，她告诉我，早上有客户打电话来抱怨等了一个晚上都没有收到电子邮件。我立即去查自己的邮箱，发现信件太大被退了回来。”

“赶紧把邮件分批发出之后，接着项目执行部的同事就来问我，为什么客

户说活动场地布置不符合要求。我突然想起客户的确说过场地要求的问题，但是我以为他们会与项目执行部的人直接沟通，结果我只能忙着跟客户解释并马上做出补救的安排。”

“两件事处理完之后，已经快到中午了。没想到策划部同事又来找我，说，明天是一个提案的截止日期了，但是我还没有给他们提供充分的资料，结果我中午饭都没吃就忙着准备资料，哎……”

紧张忙碌的工作让她觉得自己只是在“过日子”，而不是在“生活”。前面提到的只是日常工作中的一部分。由于工作关系，会见客户是工作中不可忽视的重头戏，因此平时总是想办法穿得体面一点、打扮得精神一点，这样才能给客户留下好的印象。为此，她每月不得不在穿着打扮上支出一大笔费用。这使她本来就不是很高的工资基本上月月花光，甚至有时出现意外还要向别人借钱。尽管她自己心里确信“穷忙”只是暂时的，但想到日后的发展，她依然是愁眉不展。

刚刚大学毕业的李丽刚进入某化妆品公司做销售。作为一个刚踏入职场的新人，她工作格外卖力。可是每天刚一下班她就开始找人诉苦，说自己每天从一上班就开始忙个不停，一会儿干这，一会儿干那，天天忙得晕头转向。虽然表面她看起来总是装出从容不迫的样子，其实心里乱得很。每到月底发薪水的时候，心情更是难以言说。

旁边另外一公司做业务的张鹏也说：“自从走入社会以来，我内心一直感到焦虑，对于未来有一种非常紧张的感觉。现在的社会竞争太激烈，稍微不努力，等过了30岁就很难再有机会了。所以我很着急，但是一直没有找到解决问题的办法。推销这个行业的基本工资不多，靠的就是业绩，对于新人来说经验是最重要的。为了得到资深前辈们的指教，总得表示表示才行，最起码也得请吃顿饭，小地方拿不出手，高档饭店吃一次差不多就是月工资的一半。还要应酬客户，每次与客户面谈签单时的饭局自然不能让客户埋单了。”

为了尽快走出低薪阶层，张鹏不仅努力学习专业知识，还要处理大量业务来提高业绩。所以每天晚上自愿加班到八九点钟是很平常的事。像他这样的业务员目前社会上有很多，工资自然是攒不下多少，最终的成效也可能付之一炬。张鹏从内心发出疑问：又穷又忙难道就是新人的生活吗？

穷倒也可以接受，忙也能让人理解，但是绝对不可以穷忙。因为，真正比“穷”或“忙”更可怕的就是“穷忙”。

穷忙族叹不完的哀与愁

看起来工作很“忙”，翻翻钱包又“穷”，近几年，很多年轻人在听到“穷忙族”一词时都点头如捣蒜地承认自己绝对符合。

目前很多工作薪水少，但工作强度没有跟着减小。不少企业的职缺几乎都出缺不补，出现女人当男人用、男人当牲畜用、一人当两人用的情况。穷忙族的忙碌无法转化为财富，而繁杂的工作不但没法满足个人成就感，还导致他们缺乏个人充电时间，结果越穷越忙，越忙越穷。

在心理专家眼中，这群新兴的穷忙族其实已经到了调整心态和重新审视自我的时刻了。穷忙族多是职场新人，事实上，对于刚参加工作的3~5年中，穷忙的情况是很正常的，但是这种穷忙绝对是阶段性的。穷忙让人时刻有一种紧迫感和恐惧感，会让自己逼得自己努力工作，不敢有所懈怠。但是如果处理好的话，穷忙最多只是忙3~5年，而且这段经历还会对一个人今后的生活有帮助。但是，长期处于穷忙的人，就危险了。

最近，某个大型社区网站特别针对在职人士进行了一项关于穷忙族的调查，共有4000名左右的职场人士参与了调查。结果显示，55. 7%的职场人将自己定义为穷忙族。其中15. 6%的职场人认为自己是“超级穷忙族”，每天忙得要死，却没有任何收获。

对于绝大部分的职场人士来说，每天都过着忙碌的生活，但是能不能忙有所得则各不相同。从穷忙主要状态不难看出，目前大部分职场人士都认为自己的付出与收入不成正比。

按照选择比例，穷忙族们最常见的“症状”为：积蓄少，无力置产，选择这一“症状”的职业人士超过六成；其次是一天工作超过九小时，但看不到前

途；老想干一番事业但老忙不完手里的事儿；另外，白天工作晚上回家还得工作，薪水低、月底总是要勒紧裤腰带，也是职场人穷忙的主要“症状”，选择比例接近四成。

越忙越穷，越穷越忙，这是谁都不想看到的生活状态。但是对于身陷其中的穷忙族来说，很多时候他们的穷忙行为连他们自己都无法控制：每天都被闹钟闹起来，度过平庸而烦琐的一天；每天急匆匆地走在上班的路上，边走边看时间，总觉得有一堆事在等着自己处理；有的干脆把表调快几分钟，给自己增加紧迫感；周末也没有时间约会，因为他们的时间早已按揭给了公司；人虽不在公司，但是要保证手机24小时开机，随时处于待命的状态；就是乘坐飞机出差，还没等飞机停稳就迫不及待地打开手机，联系客户。于是，忙碌的上班族患上了“手机幻听症”，总是觉得自己的手机在响。虽然他们自己也觉得累，但是这就像抽烟一样，虽然明知是一种慢性自杀，却会让人上瘾，让人忙碌得根本没办法控制自己的生活。

这样的穷忙族充斥着社会的各行各业，他们的“现身说法”更让人们深深体会到穷忙族的无奈。

从事媒体工作的小柯：稿子的压力，版面的要求，读者的喜好，让我不得不成为工作狂。天天上班，天天码字！看似弹性的工作时间却占据了我大量的个人时间：每天7：00起床，洗漱；9：30到报社，部门例会；10：30～12：00收集资料，电话联系采访人；13：30～15：30外出采访；17：30～24：00回到家还要对着电脑码字，赶明天的新闻稿，并随时与报社的值班人员保持联系。星期六要参加读者座谈会，星期天要参加社里组织的大型活动。

又忙又累的小柯感觉自己就像一只趴在玻璃窗上的苍蝇，眼巴巴看着前途一片光明，却怎么也找不到出路。还给从事这一行业的人写了一首打油诗描述他们的生存状态：表面风光，内心彷徨；容颜未老，心已沧桑；成就难有，郁闷经常；起得比鸡早，睡得没狗香，吃得比猪差，干得比蚂蚁忙；扪心自问，路在何方？“我有时候会怀疑这究竟是不是我自己的生活——我连属于自己的时间都没有？但为了生存，每天都只好在忙碌中绝望，在绝望中继续忙碌。”

广告行业的小李：每天我都衣着光鲜地进入写字楼上班，第一个来，最后一个走。不知不觉中被冠以了“劳模”的称号，但仍是一贫如洗，也看不到升职的希望。目前最大的愿望，就是抛开世俗的障碍和责任，到海边去度一次假。关掉手机断掉网络，当个傻子，和恋人两个玩到没心没肺，没日没夜地彻底放松放松，但这又是很难达到的奢望。

从事销售行业的小霍：以前看青春励志电视剧《奋斗》的时候，还蛮有激情，认为只要努力去奋斗，生活一定不会辜负自己。但是，工作几年了才感觉一切并没有自己想象的那么简单。每天没日没夜地工作、挣钱，但存折里数字的增长速度还是不够快。如今什么都在涨，实在是没有安全感啊！每天还要经受大城市中的物欲诱惑，却又避免不了越忙越穷越空虚。现在我对自己一点信心都没有了，这样的日子不知何时才能结束。

以上是各行各业穷忙族的心路历程，也是穷忙族为自己“穷忙”找到的最合理解释。现代社会生活节奏越来越快，工作压力越来越大。忙没有错，但是穷忙却是让穷忙族最头疼的问题。

穷忙族的各形各态

“穷忙”自有各自穷忙的理由。收入低也好，收入高也罢，总之穷忙圈里并不是只限于普通的工薪阶层，在网上的众多论坛里，我们不难发现，在越来越多的抱怨自己是“穷忙族”的网友之中，还有很多是月收入上万的高薪一族。

夏蕊是一名时装模特，不过，不是大家想象中灯光璀璨下的那些红人儿，那些都是已经熬出头了的，而她还属于在生死线上挣扎的那拨儿。

在她看来，模特行业听起来很光鲜，时尚又潮流，其实也就那么回事。夏蕊从艺校毕业后就进了一家小的模特经纪公司，与我们在电影看的那种绝对是大相径庭，就是除了“带颜色”的，有什么业务都得接。

最忙的一个月，她接了一个时装发布会、一次杂志配图、一次车展，还有两个会所表演，整月下来，真的把人累得够呛。收入肯定是比当个文员坐班要

好些，但是工作了几年也没有置办什么家当，几乎都花在“装点门面”上了。理财就更别提了，每月“月光光”，根本没财可理。

“装点门面”真的是一笔不小的花销，夏蕊身上穿的都是一线品牌，在这个行业不穿是不行的，一个时装模特如果自己都穿得灰不溜丢，有谁会来请你？所以，名牌时装在他们那里等同于工作服，那是必备的。而且，光有还不行，还得按季置办。否则，在圈里吃不开，别人不是看不起你，而是根本就没看到你。还有化妆品，基本也都是一线品牌的。再加上经常没日没夜地工作，保养品也必须得注意，不然“门面”保不住，饭碗都会没的。光是这两项就把她每月的收入用去一大半了。

另外，在那个圈，人脉铺垫的工作也得下工夫，这可是一个模特的财源——吃饭基本就找最贵的，送礼也必须拿得出手才行。虽然很多时候，她也觉得花起来很心痛，但是没办法，不然就混不下去。有时候，还要跟好友去“腐败”下，属于情绪消费，花起来也是很没谱的。

夏蕊目前还没有买房，因为还没有成家的打算，但是租的是商业中心附近的高层公寓，环境和条件肯定是不错，当然租金也是很高的，每个月的物管费都赶上好些人的退休金了。养车也是一笔很大的开销，车虽然不贵，就是一出行工具，因为工作需要经常赶场子，但是油钱就难估计了。

在杭州一家服装外贸公司做文员的瑶瑶说：“工作快5年了，每天忙忙碌碌，还经常加班加点，也没攒下多少钱，我实在是又忙又穷，真正的‘穷忙’啊。”她今年28岁，大学读的是中文系，毕业后，就到现在的公司工作了。

尽管文员薪水不高，但瑶瑶觉得工作会比较轻松，可以有更多的私人空间，当初就选择了这份工作。只是令她没想到的是，文员的实际工作量大大超出她的想象。

工作这么多年，虽然薪水年年涨，可和物价的涨幅比起来，太微不足道。为此，瑶瑶虽拼命工作，却仍感觉力不从心。瑶瑶的男友在一建筑工地做监理，工资也不是很高，今年工程队去了湖南，因来往车费不便宜，为省钱他们已有近半年没见面，一星期只打一次电话。

“单位在市区，为省钱，和一同事合租在郊区，每天为挤公交，6点钟起床，7点左右出门，天天如此，感觉很累，而且有时还得加班。” 瑶瑶很无奈地表示，她和男友想努力攒钱买房结婚，可是要想攒这笔钱，实在不容易。为了能早日攒足钱，瑶瑶周末做兼职，家教、派传单、发放调查问卷等，只要找得到的活她都干。

“根本看不到自己的前途在哪，似乎每天都是‘穷忙’。” 瑶瑶称，因各种原因，每份兼职她都干不长，且因周末有时要加班，怕耽误家教时间，有段时间她连家教类兼职都不敢接。

很多杂志或者网站的心理分析师都认为“穷忙族”可以分为“月光型穷忙族”和“高收入无规划型穷忙族”两大类。其中，“月光型穷忙族”：本来赚的钱就不多，同时还兼着几份兼职，但是无法避免的日常开销，赚的钱也常常不够花。“高收入无规划型穷忙族”：主要是指广告、公关或者中层管理者这些相对收入较高的行业的某些从业人员。他们的收入并不低，但是各种开销很大，又不会规划，也不知道理财，所以每个月的钱都会花光光。

其实这两类“穷忙族”主要存在于年轻的在职人士，而中年职场危机导致的穷忙族也是一个不容忽视的群体。

从人的欲望来说，大多年轻的职场人士都有不断进步、不断突破自己的欲望，正是这种欲望使得年轻的他们用上了十八般武艺，一个劲儿地往上爬，但是上升到一定阶段后，觉得再怎么努力也还是止步不前，让自己上也不是，停也不是。

到了中年之后，人们的生活状况基本上都稳定下来了，如果放弃现在花费了多年的心血才爬上来的高职高位，另谋职业，一切从头再来的话，无论是精力上还是财力上恐怕都折腾不起了。现在再也不可能像年轻时那样可以毫无负担、毫无顾忌地想做什么就做什么，而是要更多地考虑家里的妻儿老小，不能为了追求卓越，追求自我实现，追求高峰体验，让全家人衣食不保。

另外，导致穷忙的中年职场危机还来源于公司新人的压力。职场之中，新人替换旧人也是很常见的现象，那些职场新人虽然经验不足，但是他们谦虚好学，一边向老员工请教经验，一边将其视为“拦路虎”……暗中使劲儿一心要超过他们，这种气势汹汹、兵临城下的士气，让那些老员工们如坐针毡，倍感

威胁。

只要沦为了穷忙族，无论是哪个类型，生活和工作都会让人倍感压力，内心充满无奈和苦涩。

穷忙族的规模日益壮大

随着全球一体化的到来，似乎每一种现象都会带有全球性的普遍色彩，穷忙即“working poor”一词虽然源于欧美国家，但是它已不是某一个国家或特定区域的局部现象，而是成为在世界各国蔓延的一种全球性现象了。

在现今经济最发达的美国也不例外。也许在人们的想象中美国不会像其他国家那样存在疲于奔命的穷人，而是人人都生活得富裕、幸福。其实，这是人们把美国神话化了。其实在美国，不同层次的穷忙族遍布于社会的各个角落，据估计，美国有500万人过着“辛勤工作却朝不保夕”的生活。

美国大学毕业生就是典型的穷忙族。如果一提起金融风暴、经济衰退、美元贬值，会让普通的穷忙族感到揪心的话，那么，不断攀升的失业率更让美国大学毕业生隐隐作痛，他们面临的生活状况比中国的大学毕业生好不到哪儿去。很多大学毕业生走出校门后发现除了清洁工、洗衣工、电话接线员、快递员甚至建筑工等低薪的工作岗位，他们再也找不到其他的工作，于是他们不得不为了3 000多美元的薪水忙死忙活，所付出的与所收获的严重失衡已成为常态。

在德国，受全球金融风暴的影响，许多企业为了减轻经济负担，纷纷采取了裁员的政策，使得在职员工在薪水没有增加的情况下，劳动量却大大提升，由此导致穷忙族人数超过100万，占到了全国在职人员数量的7. 4%，这一比例将近10年前的2倍。

不仅德国，欧洲其他各国也背负上了“穷忙族”的沉重压力，就连令外国人羡慕的瑞士国家“穷忙族”人数也不低于30万。

“穷忙族”在世界各国蔓延，从欧美蔓延到了日本、韩国、中国等亚洲国家。

在20世纪80年代，日本八成的劳动者都有终生饭碗，中产收入阶层是一个很大的群体，然而现在的劳动者已经难以享受这样的待遇，年收入2万美元以下的穷忙族的人数已高达1 000万。

在韩国，亚洲金融风暴迫使韩国政府大步改革，对劳动市场法令大幅度松绑，让企业拥有更自由弹性的用人空间，致使非典型工作大量产生，超过五成以上，其结果制造出大量穷忙族，社会贫穷现象加剧。反观我国台湾不知该说幸还是不幸，因为企业管理比西方先进国家“落伍”，劳动弹性化引进甚久但比例并不明显，非典型雇用的比例相对很少，某种程度缓和拉长了穷忙现象的暴出。

就连近几年经济发展速度最快的中国，也时常见到忙忙碌碌的穷忙族的身影，虽然“穷忙族”这个词蔓延到中国比较晚，但是中国“穷忙”的人数却是很惊人的。据国内的一项在线调查结果也令人触目惊心——75%的人自认为是“穷忙族”。这个比例显示了一个不容忽视的庞大群体。

最近，在网上还流传着这样一段调侃性的段子，一位欧洲诺贝尔奖获得者来中国讲学，一位中国人热切地向他询问，中国有没有希望在不久的将来获得诺贝尔奖。这位学者的回答令忙碌的中国人深有感触，他说：“中国人很忙，在最近的未来获得诺贝尔奖的可能性很小——诺贝尔奖是闲暇人士得的，他们才有时间去思考重大的问题。”

的确如此，现在的中国人确实太忙了，在任何一个行业任何一个部门都是如此。在深圳，一些民营企业的员工下班后继续在公司加班1~2小时早已约定俗成；国家规定的5天工作制在深圳的某些民营企业早已名存实亡，星期六上午照常上班，也已经形成潜规则。还有众所皆知的北京中关村加班族，他们都推崇工作即娱乐的16小时工作理念，办公室电话接个不停，每日收发N封邮件，下班还得去见客，如果你机械地按照8小时工作制上下班，就有可能被视为每天都是应付工作的人。更夸张的是，近几年北京蹦出了一个新词，叫“北大荒”，特指“身在北京、大龄、荒着未嫁”的白领女性，因为她们工作太忙，以至于根本就没有时间和心情谈情说爱。种种迹象表明，中国相当大部分的上班族已经沦为忙碌得不会生活的穷忙族。

多种原因导致穷忙

有调查显示，“穷忙族”自己认为，忙碌的首要原因是社会压力过大，竞争激烈（60.9%）；其后原因依次是：缺少合理的人生和职业规划（48.9%）；起点太低机会太少（39.5%）；太急于求成、反而容易受挫（26%）；盲从、随大流（24.5%）；耐心不够（18.8%）。

但不管是什么原因，在这个物价上涨、股票暴跌、压力指数飙升、情感缺失、能源紧缺的时代，一切的“穷忙”，最后都会被归结为时间与金钱的矛盾。

中国人穷忙的真正原因：户籍、收入分配、教育等诸多领域的体制性缺陷，导致精英寡头化和底层人固化，阶层与阶层之间的流动困难。在发出“洗把脸重新来过，拿出你的气魄来”的豪言壮语前，穷忙族先遭遇了十面埋伏：就业机会缺乏的经济环境、福利保障未健全的社会体系、垄断资源的官僚体制、带来庞大压力与资源紧缺的城市发展模式……

有专家学者指出，穷是技术性的，忙是社会性的，穷忙是世界性的。穷忙族异军突起，除了与穷忙成员缺少合理的人生和职业规划、起点太低、机会太少、盲从随大流、攀比心理滋生、欲望膨胀和个人期待值过高等个人问题有关之外，更是一种不可忽视的社会问题。

国内有学者专家针对我国穷忙的社会现象，指出了以下三方面的社会原因：一是社会“关系网”在人们的工作和生活中发挥着非常重要的作用，使人们不得不忙着花力气、花时间、花金钱去经营各级关系，常常有“身不由己”的感慨；二是社会分配制度不健全。有关人资研究所调查报告指出，现在贫富劳工平均每小时的薪水差了10倍以上，有钱人工作时间越短，薪水反而越高，而底层劳工工时越长，薪水反而越低。对于这种现象虽然政府已经出台了相关的政策措施，但是，无收入和低收入者的救助补助并没有很好地建立起来，社会财富分配未真正有效地向中低收入者倾斜，人们因缺乏安全感不得不使自己忙碌起来；三是社会提拔制度存在许多不完善的方面，某些人为了得到提拔，不得不在单位“穷忙”，而他们付出很多精力才捞得一官半职，一时间却被他人顶替，自然觉得自己是穷忙一场。

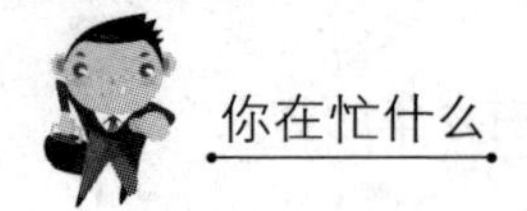

这些社会问题的出现是社会发展进程中产业结构调整的必然结果，这些问题的解决必然也需要经历一段或长或短的过程，再加上目前知识经济时代造成的无技术含量劳力贬值和华尔街金融风暴席卷全球造成的失业率增加、薪资锐减、物价上涨、压力指数飙升等问题，更加重了穷忙现象的严重性。

贫富两极分化也是造成穷忙的社会原因，反过来，穷忙的出现也进一步加剧了贫富两极分化的程度。与越来越多的穷忙族形成鲜明对比的是，所占人口比例极少数的富闲族掌握了很大比例的社会财富，他们利用手中掌握的这部分财产投资房地产、购买股票，并从中获得收益，从资产中获得的收益差异要远远大于不同人群之间的工资收入差异，从而导致劳动要素和资本要素在收入分配中的地位严重失衡，有统计显示，工资性收入占城镇居民可支配收入的比重已经下降到75%以下，工资总额占国民收入的比重已经由“九五”期间的15%下降到“十五”期间的12%。

由此可见，穷忙不仅是个人问题，也不是简单的职场问题，而是一种社会问题。对于一个国家来说，GDP代表国家的人民很忙，人均GDP则代表国家的人民很穷，穷忙的国家就像发动机空转而车轮没有前进一样，所以，在解决穷忙这一现实问题上，对每个人来说，如何不让自己沦为穷忙族至关重要，而国家也应该逐步完善社会保障体制，并干预社会财富的二次分配，实现社会公正，为劳动者提供更多、更公平的就业机会和生活保障，倡导社会阶层的合理流动和合作，形成一个积极的、多元的文化，防止穷忙族群体不断扩大。

你是穷忙一族吗

在生活中，不知道你有没有过这种状况：只要上了班就感觉一直都在忙碌之中，手边身边有很多事情需要处理，连上厕所喝杯水都顾不上，然后还要经常牺牲休息日来自愿加班工作，但是，你投入了这么多的时间和精力，却没有得到任何额外的收入，更不用说升迁晋级了。

我们中有很多人已经陷入“穷忙族”这个有点悲剧的族群而不自知，测试

一下你是“穷忙族”吗？

1. 一周工作超过54小时，但是看不到前途；

2. 一年内未曾加薪；

3. 三年内未曾升职；

4. 薪水很低，到月底总是很艰难；

5. 积蓄少，无力置产；

6. 工资不低，但花钱很大手笔；

7. 收入不低，但内心没有安全感；

8. 忙得团团转，一停下来就有罪恶感；

9. 白天工作，晚上回到家还得工作；

10. 老是计划干一番事业，但总是忙不完手里的事情。

以上10项，如果你有3项或者3项以上，那么，你就属于“穷忙族”了！

如果很不幸，你位于“穷忙族”的行列，那么若不及时调整，你将陷入“越穷越忙，越忙越穷”的无底深渊……

无论是工作日，还是周末休息时间，我们都可以看到大城市的马路上如蚂蚁般密密麻麻的上班族忙碌穿梭的身影；我们还可以看到每天清晨，大街小巷的早点摊位上也坐满了行色匆匆的上班族，一个鸡蛋、一根油条、一碗豆浆，似乎色味俱全了；还有各地铁口或公共汽车站挤满的各行各业的上班族，虽然衣冠楚楚，打扮得很是得体，但个个都无精打采，神情呆滞，面带倦容，似乎正在忙着盘算一天里将要做的工作；还有下午五六点钟，在繁华的马路交叉点，各色各样的上班人群又融汇成一个城市往前疾走的人潮，如同海洋里突然出现的巨大鱼群；晚上八九点钟写字楼仍在工作的职场白领大有人在，对于这些上班族来说，加班加点似乎早已成为习以为常的事情。这些上班族几乎每天都在忙于上班、工作、下班，身子像陀螺一样旋转不停，而且随着时代的快速发展，越来越多的人们被卷入了“穷忙族”的圈子。

“最近怎样？”亲朋好友见了面这样问候，打电话时也会这样问候，MSN或QQ上聊天还是这样问候。与那个吃不饱饭的年代“吃了吗”这句见面寒暄相比，似乎多了些紧张忙碌与冷漠隔阂。

——“忙得很呐。”这在以前可能是一句客套话，但现在却成了很多人的真实写照。

无头绪地忙，不自觉地忙，没必要地忙，不得不忙地忙……忙碌似乎成为了人们的一种生活形态，看看马路上那些骑自行车的、骑三轮的、开着轿车呼啸而过的，还有挤得透不过气来的巴士、地铁里忙着上班的人们，为了生存没有一个人敢停下来不再忍受生活的鞭打。在这个物欲横流的时代要劝人闲下来，似乎是误人前途，似乎不忙就是异类就不属常态。

有首歌名叫《忙与盲》的歌词中写道“生活是肥皂香水眼影唇膏，许多的电话在响，许多的事要备忘……”然而忙是忙了，不知不觉间他们却又发现每月的收入还是入不敷出。

这就是都市“穷忙族”生存状态和心理状态的真实写照。

[第二堂课]

你在忙什么：为什么我们忙碌还不快乐

努力工作，大家都认为忙的状态才好，说明有事做，有收入。但遗憾的是，工作好些年，口袋依然空空，工资永远都涨不赢房价，动不动就近百万的房子。该结婚了，还是居无定所，要吃饭，要穿衣，要养家，还要适当地消费享受……可工资那么少，还要分成那么多块来花。没钱没快乐，多钱多快乐。理想、自我什么的，这些早已顾不上。

“80后”是穷忙族的主力军

在对庞大的穷忙群体进行分析的过程中，发现年轻的80后占据了绝大部分的比例。中国青年报社会调查中心联合某网站开展的一项在线调查就证明了这一结论。在11353名参与调查的网友中，75%的人自认为是“穷忙族”。调查还显示，有57.6%的人认同“穷忙族”多为“80后”，也有16.7%的人认为多为“70后”，只有13.2%的人认为“哪个年龄的都有”。

80后是中国社会上新一代的特殊人群，他们处于中国特殊的历史时期——改革开放形成和发展的特殊时期，他们见证了当代中国在改革开放后的崛起和发展。同出生在其他时代的年轻人显得不同的是：一方面，他们得以进入大学接受高等教育；经历了计算机与互联网技术带来的时代变革；有条件玩电脑游戏，看美国大片，体验到前人从未体验过的新事物；可以穿名牌，吃馆子，还被美其名曰“白领”，所以他们是“幸福的一代”。另一方面，与其他年代的人相比，80后又是处境最坎坷的一代。富闲的60后已经逐渐淡出社会；此时的70后还是社会的中坚力量，执掌着社会生产各个部门的大权。他们生命力旺盛，也拥有足够多的财富和权力，正处于人生感觉特别好的阶段；70后的人有艰苦的奋斗史和沧桑的经历，有的敢“倚老卖老”那是因为他们是成功人士；90后的人有有钱的父母，没有物质上的压力，可以肆无忌惮、可以无所事事，年轻是他们炫耀的资本。而对于80后来说，他们大都大学毕业，然后进入社会，参加工作，或已工作几年，从单身贵族进入到购房、结婚、生子的人群中，想老成比不过70后，想装嫩却又比不过90后，因此，他们成了不得不为生存而打拼的穷忙族的主力。

80后拼命地读书，小学六年辛辛苦苦，初中三年勤勤恳恳，高中三年废寝忘食，好不容易熬过了九年义务教育和三年魔鬼高中考上了大学，不仅要交昂贵的学费，还要使尽浑身解数去拿各种证书；好不容易熬过四年光荣毕业了，对未来无限向往、无限憧憬的他们却面临毕业即失业的头疼问题，拿着各种证书却找不到如意的工作。有的就连一般的工作也找不到，即使拿着名牌大学的毕业证书去一家外企或私企应聘，那学位证用人单位也可能看都不看一眼，或者被迫无奈干一些没有任何技术含量的活，造成人力资源的极大浪费。

这是大学毕业生供过于求带来的结果。许多用人单位都或多或少地存在着对求职大学毕业生应有权益的任意剥夺现象，比如试用期长达一年，一年内没有任何薪水，加班加点成为家常便饭……苦于找不到工作的大学生面对如此的社会不公也只能有苦难言，以至于有人甘愿以免费试用一年的代价争取这份口粮，于是，连穷忙都变成抢手的权利。即使幸运地保住了这份工作，拼命地加班加点工作，所得的薪资也不比没上过大学的清洁工多到哪儿去，但是你还不能有任何的抱怨，因为对于70后来说，工作还意味着“铁饭碗”、“长期饭票”，但是对于80后来说，“饭碗”已经变得很不稳定，竞争带来的危机充斥着职场的每一个角落。为了保住难能可贵的临时饭碗，不得不拼命穷忙。

有网友对处于穷忙状态中的80后戏谑地总结道：

当我们读小学的时候，读大学不要钱；

当我们读大学的时候，读小学不要钱；

当我们还没工作的时候，工作是分配的；

当我们工作的时候，撞得头破血流才找到份饿不死人的工作；

当我们不能挣钱的时候，房子是分配的；

当我们能挣钱的时候，却发现房子已经买不起了；

当我们没找工作的时候，小学生也能当领导；

当我们找工作的时候，大学生也只能涮厕所；

当我们不到结婚的年龄的时候，骑单车就能娶媳妇；

当我们到了结婚年龄的时候，没有洋房汽车是娶不了媳妇的。

这就是80后所遭遇的窘境和所面临的生存压力的真实写照。但是生活拮据的80后却被各种商家视为重要消费群体。他们手里没有积蓄也不愿被时尚潮流抛弃，所以还没有工作的他们就已经有了一堆信用卡，透支额度累计起来几乎就是毕业后一年能挣的钱。身边这样的80后特别多，他们的消费习惯和能力跟过去70后的人大不一样，比如买手机，一个月挣4000块钱，会买一个7000块钱的，然后攒2个月的工资。即使工资不高，照样出门就打车，穿的也都是名牌，买不起就贷款，不仅房子可以贷款，首饰可以贷，什么都可以贷。每个月工资一发下来，还了卡债就所剩无几了。

就是这样，在21世纪里，面临生活压力大、生活成本高、生存风险高等"重压下的一代"的80后成了社会的主力，同时，他们也成了穷忙族的主力，尽管有李想、茅侃侃、韩寒、郭敬明等80后新富在前，但也扭转不了中国80后群体整体穷忙的现实。

片面地看待成功的人生

欧先生是北京某跨国企业的企业质量管理方面的咨询师，每个月可以拿到一万多元的高薪，这样的高收入也许为无数正处于穷忙中的年轻人所羡慕，但是对于欧先生来说，如此高薪的背后却是几倍于薪水的付出。他常常为了准备第二天质量管理方案，每天睡眠时间很少会超过五小时，忙到深夜两三点是家常便饭。一天能睡上七八个小时的觉，对于他来说是件很奢侈的事，就连周末也难得有休息的时间，因为还要乘坐飞机出差为外地企业做质量管理报告。

在他眼里，事业上的成功是最重要的，其次是金钱，最后才是家庭，至于健康从来没有当回事，他对自己的身体向来比较自信，加班加点地工作，身体似乎根本不成问题。但是，没有想到的是，在年底公司的一次例行体检中被查出患上了淋巴癌晚期，后来身体越来越虚弱，不得不住进了医院接受化疗。

欧先生只有此时才开始意识到健康的重要性，才知道长期超负荷工作让自己付出了多么高昂的代价，这不仅有身体上的，还有家庭上的。由于每天都要忙于工作，如今已经30岁的他还没有找到自己的另一半，没有时间组建家庭。

“现在的女方都比较现实，像我这样的大龄男子，没有房子又没有存款，如今已经陷入健康危机，为了治病花去了前半生大部分积蓄，组建家庭的希望就更加渺茫了。”在总结回忆这几年的生活时，欧先生深有感慨地说，“每当我想起生活捉襟见肘时，心里很不是滋味。这些年来，我一直紧张忙碌地工作，虽然没少赚钱，但在不经意间这些钱都被花掉了，我用工作的辛苦换来花钱的自由，但是我却没有体验过财富的喜悦。”

“身体是革命的本钱”，这本是人人都明白的道理，但是深陷穷忙困境的年轻人有不少像欧先生一样总是不经意地犯下牺牲健康来换取金钱，再以金钱换取健康的错误。结果，金钱没有了，自己的身体也遭罪了，在忙碌工作中也没有好好地享受一天。

其实，欧先生本来有着一份清闲，而且能领到五六千固定薪水的工作，这样的高薪完全可以过上清闲、安稳的生活了。但是欧先生并没有以此为满足，为了取得更大的成功，放弃了这份工作选择了后来这份富有挑战性的工作，拿到了更高的薪水，这在许多人眼里，也许欧先生是出类拔萃的成功者，可一直这样，就算是成功吗?

什么算是成功的人生，虽然没有统一、权威的标准，但是以牺牲健康、家庭和生活为代价，即便事业上再成功，也算不上人生的成功。

在西方国家流传着这样一个故事：有三个商人死后来到上帝面前，让上帝

评定一下他们一生的功绩。

第一个商人事业心很强，为了把生意做强做大，他牺牲了与家人共享生活的美好时光，最后他终于如愿以偿地成为了亿万富翁。上帝给他打出了50分。

第二个商人很注重和家人的生活，尽管他所经营的生意让他负债累累，但他与家人的生活并没有受到任何影响，依然活得很潇洒。上帝给他打出的分数也是50分。

第三个商人虽然一生也在忙于做生意赚钱，但同时也懂得兼顾生活，挤时间带着家人外出旅游或参加休闲活动，最后虽然没有成为富翁，但却带给了家人幸福的生活。上帝给他打出满分。

什么算是成功的人生？在上帝看来，事业和生活两方面都圆满的人生才算得上是成功的人生。所以，那些以牺牲生活换取事业成功的穷忙族获得的并不是真正意义上的成功。其实，世界上那些真正拥有无上荣誉的成功人士都不是以牺牲生活来攫取财富到达事业顶峰的。例如，著名的通用公司总裁杰克·韦尔奇总有很多时间打高尔夫球，人们不解地向他请教，他为什么有那么多的休闲时间还能继续干好CEO的工作？他的回答很简单，这就是正确地把握好生活与工作的平衡关系。

在这个事事讲求高效率、高回报的社会，穷忙族的悲哀之处在于，在追求事业或财富的道路上，像是上足了弦的发条不停地工作，结果虽然事业有成或积累了大量的财富，却失去了人生其他的财富，比如健康、家庭、理想等。而这样的成功最多只让你风光地满足一时，等你发现你所失去的东西时，才会发现这样的成功并不值得你牺牲那么多。

一套房折磨了多少人

不管你在中国的哪一个城市，只要你还准备结婚，还有个工作，而且父母安在，你也许想过一件事情，这个城市里，我是不是要买房？怎么样才能买到房？什么时候买？父母出不出钱？

生活在城市里的人，尤其是还没有房子的人，这些问题是不得不考虑的。虽然现在租房是相当普遍的现象，因为相比月供，大部分的房租还是在我们能承受的范围内。但是在考虑住房还是租房的问题上，大多数人都还是偏向于买房，因为在很多人看来，租的房子总感觉不是自己的家。

尤其是关乎婚姻大事的时候，买房似乎成了最关键最敏感的部分。因为你也知道，要一提裸婚，基本上都没有人愿意嫁给你。即使老婆愿意，她的家人呢？别人会怎么看？孩子以后怎么办？尤其作为一个男人，一个身在中国的男人，以压力太大为由不买房是很没面子的。不要责怪女人“势利眼”、“没房不结婚”这些世俗的想法，在现阶段的中国，还是残存着很多传统观念的，买房置业养家糊口，这是约定俗成的路子，目前难以跳出。

所以，买房结婚生子对于大多数的工薪阶层都是难以闯过的一关。对于80后来说，一是他们不像70后那样可以享受到福利分房的政策，房改优惠政策也几乎指望不上，唯一可以享受的只有住房公积金补贴；二是随着涌进城市的人越来越多，需求上涨，房价还是会不停地上涨。而80后在房价暴涨时未开始工作，也没有从房价暴涨中享受到任何好处，而且房价的增长速度永远快于工资增长的速度；三是手中留有闲钱的富贵族们大肆炒房，越炒越热，越炒越贵，房价像搭了空中快车一样以超音速般飞涨，使得本来没钱的80后不得不承受高房价带来的巨大生活压力，即使不吃不喝，辛辛苦苦攒上几年钱，就连几平方米的厕所也不见得能买得起。

然而到了结婚的年龄，现在已经不是那个两个人拿着户口去领俩“小红本”就完事的年代了。现在的普通工薪阶层如果要靠工资买一套房子，可能需要不吃不喝20年才能够筹备完整购房的资金。但大多数人都不可能一下子就能备齐买房子的全部资金，差不多都是靠父母用一生的积蓄救济一把，再借上几万元外债，先把首付搞定，然后其他的房款就只能向银行按揭贷款。这样，加上每月支付的贷款利息，对很多上班族来说，将造成沉重的财务负担。每个月都在为高额月供发愁，整个人都被房子奴役着，像是一块石头压着人透不过气来。同时，迫于每个月归还房贷的压力，房奴连跳槽去选择更好的发展机会的勇气都没有。

居高不下的房价如今也是中产阶层的隐痛，看看那些不用为钱发愁的富豪人家拥有两三套住房、别墅是再寻常不过的了，他们享受的那才是真正的富闲人生。然而拥有一定家产，但还算不上绰绰有余的中产家庭，相对于有增无减的房价来说，也只能算是上海话中所说的“小瘪三”。因为，在北京、上海、深圳等大都市，核心市区房价过四万元，如果一个月收入上万，也得奋斗好几年才够交首付，再加上日常开支，最后也许就是“负翁”，因此，看着高额房价，他们也只能望“房”兴叹。

不断膨胀的个人欲望

有这样一个寓言故事：一只狐狸想溜进一个葡萄园里大吃一顿，但是栅栏的空隙太小，它钻不进去，为了吃到葡萄，狐狸狠狠地节食了三天，总算能钻进去了。但是当它美美地大吃一顿之后，肚子变得鼓鼓的却又出不来了，只好在里面又饿了三天，才钻了出来。这只狐狸感慨地说：忙来忙去，到头来还是一场空。”

狐狸看到园子里的葡萄，为了满足自己的食欲，只顾贪吃，大饱口福之后，在园子里出不去了，才知道自己白忙了一场。有时候，欲望就是促使人们忙碌的动力，但同时也是导致人们穷忙的因素之一。身边那些为金钱苦苦挣扎、苦苦奋斗的穷忙族有时并不是因为物质上缺乏，而是因为欲望太高，对他们来说，最幸福的时刻可能就是发薪水的日子，因为那天自己可以潇洒一下。之后呢，又开始另一个30天的穷忙轮回。就算他们拥有了更多的财富，成为了百万富翁，也不会停下忙碌的脚步，也无暇欣赏路边的风景，因为现有的一切似乎总是无法满足所有的欲望，在一个个欲望实现之后他们又会产生更高的欲望，因此，他们就像追赶烈日的夸父一样披星戴月地奔跑在追求财富的道路上，在家吃饭的，想下馆子；下馆子的，想吃席；吃了席的，还想进高级餐厅饕餮一番……欲望越高，付出的成本就越大，在欲望得到满足的同时，却不知不觉损失了更珍贵的东西。这就是欲望无限膨胀所导致的人们满足感和幸福感

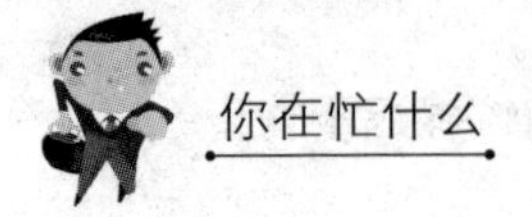

的缺失。

我们知道蜈蚣是地球上脚最多的动物。传说上帝在创造蜈蚣时，并没有为它造脚，它也能像蛇一样快速爬行。有一天，它看到狮子、狐狸，还有老鼠等有脚的动物都比自己跑得快，嫉妒心油然而生，于是它便跑到上帝面前，让上帝也给它安上几条脚。

上帝满足了蜈蚣的请求，把好多的脚放在蜈蚣面前，任凭它自由取用。蜈蚣迫不及待地拿起这些脚，一只一只地往身体上黏，从头一直黏到尾，直到再也没有地方可黏了，才心满意足地欢呼起来："现在我可以像箭一样地飞去了，谁也没有我跑得快了！"

但是等它开始要跑时，才发觉这些脚完全不听使唤，劈里啪啦地各走各的，有的走得快，有的走得慢，它非得全神贯注，才能协调步伐，顺利前进，这样一来反而比以前爬得更慢了。

欲望就像一个巨大无比的黑洞，对物质的追求无尽地消耗着人们的体力、精力与智力。举个简单的例子，我们没钱的时候，可能平时深居简出，一切从简。但是，当我们的工资增长的时候，我们就会开始想为自己添置一些高档一点的东西，当金钱数值更大的时候，我们便又会产生新的更高的需求。

俄国著名诗人普希金写的《渔夫和金鱼的故事》带给我们的就是有关欲望的思考。

渔夫和他的老太婆住在海边破旧的木棚里。有一次，渔夫在打鱼的过程中，捞上了一条会说话的金鱼，它许诺如果渔夫能放了它，它就满足渔夫的各种要求。回到家，渔夫把这件稀奇的事告诉了妻子。他的老太婆便开始向金鱼提出要求，从新木盆、木房子，之后到要做"贵妇人"，又要"当个自由自在的女皇"，小金鱼一一满足了她的欲望，最后她想要"当海上的女霸王"，并要小金鱼来服侍自己，这次，金鱼什么也不说，游进了大海里。结果出现在他们面前的依旧是那间破木棚，老太婆坐在门槛上，她面前还是那只破木盆。最后，她还是那个一无所有的老太婆。

因为个人欲望的不断膨胀而沦为"穷忙族"的现象并不少见，在城市里，我们看到的似乎所有人都在为挣钱而忙碌奔波，让挣钱心切的他们停下匆忙的

脚步去陶冶情操简直是痴心妄想。有的人没钱的时候买个二手手机就是最大的心愿，在月薪1 500元时就想买个电脑，等到工资3 000元时就盘算着买台高级笔记本……薪水增加的同时，个人欲望也在上升，于是不断地为达成心愿而忙碌奔波。而那些有房有车、生活无忧无虑之人，大部分则只愿沉迷于抽烟喝酒泡吧逛夜店……这样的生活却是给普通的“穷忙”之人增添了无限的向往。

荀子说：“人，生而有欲。”这欲望中当然也包括色欲、贪欲、报复欲、懒欲、自私欲、好利欲、好权欲、征服欲……我们中许多人正在为之所累。如果关注一下闪现在你思想中的各种念头，你会发现其中的大多数都是欲望。由于你热衷于寻求心理上的平衡，你有一些欲望也是有益的。如果没有了任何欲望，怎么可能将生命中的潜能发挥出来使其变为现实呢？欲望是人的本性，是理想的源泉，是人生活的方向。但是，欲望无限膨胀的时候，一个人多会忽略身边过往的美景，身心一定会越来越沉重。

有钱并不代表“富闲”

如果将那些中低收入的工薪阶层归为“穷忙族”，人人都能够理解的话，那么，如果将月薪上万元的办公室白领一族或自主创业的老板也归到“穷忙族”的队伍，有些人就难以理解了，收入这么高应算是有钱的中产阶层了，怎么还是穷忙族呢？

这些高薪人士的“穷”当然不是物质上的匮乏，而是精神上的空虚。40岁的梁先生两年前创办了自己的一家印刷公司，平时应酬，谈判等忙得不亦乐乎，虽然每年可以带来30多万元的收入，但赚的都是辛苦钱。作为公司的老板，他要为公司运作的每一个环节操心，生怕什么地方出现问题，一旦出了问题都要自己一个人顶着，因此，他很少有时间外出旅游，只是偶尔和朋友到娱乐休闲中心唱唱歌、打打球什么的。这两年，梁先生感觉自己的身体状况越来越差，所以，保健意识开始高涨，为了好好犒劳自己，曾花几千元购买了健身卡，但根本抽不出时间。他说：“累都累死了，哪还有精力去健身。”

尤其是到了年底的时候，催款、收款、还款，忙得连喘口气的时间都没有，一直忙到大年三十，才能抽出身来急急忙忙往家赶，待几天还没有缓过劲就又得走了。钱挣了不少，但是与家人团聚都成了一种奢侈的享受。一想到这些，梁先生就觉得自己成了一个彻底的穷忙族，根本无法与那些稳定悠闲的成功企业家相比。

为什么挣的钱多也会成为穷忙族呢？因为有钱与富闲是两个不同的概念。月收入上万或者十多万只能说明这个人很有钱，很富有，但不等于是富闲人士。按照《穷爸爸富爸爸》的作者罗伯特·清崎的观点来看，“富闲并不是以收入来衡量的，富闲也不是以金钱来衡量的。”听了这个观点，那些月收入上万、十几万或者收入更多、自认为很成功的人士可能会吓一跳：富闲不是以收入来衡量，富有不是以金钱来衡量，那到底以什么来衡量？罗伯特·清崎的回答是以时间来衡量。听了这个回答，人们可能会更加困惑不解，清崎进一步做出解释：富闲程度就是一个人从现在开始停止工作后，能够生存并能继续维持原有生活标准的时间长度。如果他能够不工作，还能很好地生活一辈子，那么他就属于无忧无虑的富闲阶层了。

按照清崎先生的这个观点，你的富闲程度有多少呢？如果现在开始不再去上班，不用见客户，不四处授课、不为消费者提供服务，你已有的收入能让你维持多长时间的生活呢？十年、二十年，还是一辈子？

如果你的回答不是一辈子，不得不为了余生打拼的话，甚至还要担心吃饭问题的话，你还是无法划进富闲的行列。

在知识经济时代，真正有闲、有钱、有品位的富闲人，即使出去休闲，账户也照样源源不断地进钱。钱是他们享受高品质生活的物质保证，闲是时间保证，品位则是精髓。美国微软公司总裁比尔·盖茨是知识经济时代“躺着也能赚钱”的富闲人的典型，他的财富超过500亿美元，即使他什么都不做，每年的投资收入也可有50亿美元或更多，不用担心会降低生活品位，更不必担心生活会无着落。

在欧洲富闲人占的人数最多，他们最会享受生活，湖边垂钓、海边日光浴、玩帆船滑板、冲浪滑雪、驾车兜风等都是他们喜欢的休闲项目。从表面现

象看，大多数欧洲人生活很悠闲，大部分的时间和精力都放在计划度假和约会上，他们有时间坐在大街上悠闲地读书，或坐在咖啡馆里品咖啡闲聊，午餐可以吃上两三个小时，到吃点心时才谈业务。

而在中国，有闲、有钱、有品位的富闲人也并不鲜见，中国博奇电力总裁白云峰只有33岁，已经做到公司上市，并入选“2007央视经济年度人物”，光是公司员工就有至少113个百万富翁，生活自然也是多姿多彩；万科集团董事长王石的人生也是无数为生计而忙碌的上班族所羡慕的，他的全年工资薪酬已经达到数百万，如果加上各项奖励收入总额已经达到7000万元！这样的高收入足以让他一生继续过上有闲、有品位的生活，他的不断运转的公司可以继续让他进行登山、跳伞，玩极限运动等娱乐消遣。

可能穷忙的你也在想，如果什么时候能够跟这些富闲人一样，拥有有闲、有钱的生活，该有多好！从此不再为钱烦恼，想什么时候睡就什么时候睡，想什么时候醒就什么时候醒，想去哪里就去哪里，想不工作就不工作，有更多的时间做自己喜欢的事情，做让自己最有满足感和成就感的事情，那时候的工作才会变成一种真正的享受。但看看现实，回过来一想，这个离穷忙族也太遥远了。

收起你的虚荣心

在这个充满物欲的时代，人们总是更容易把更多的心思放在物质上。即使自己的收入明明不够支付自己的光鲜生活，但是始终要“打肿脸充胖子”。这可以从我们的日常生活中不断找到相关例证：与姑娘约会，明明可坐公交车，却鬼使神差般向“的士”扬起了手，一下两三天的工资没有了；邻居有了液晶彩电，自己不能落伍，问清多少寸，不买个更大的心里总不舒服；听说人家换了大冰柜，咬咬牙，啃上半年咸菜，也置上它一台；听说邻居给孩子买钢琴了，再穷不能穷孩子，没有钱借钱也要给孩子买一架……爱面子的中国人在市场经济大潮面前，把金钱物质作为衡量人生价值的唯一标准，其所造成的盲目

攀比现象把每个人都卷入了疯狂的创富运动中，生活本身反倒被作为配料给忽视了。

其实，穷忙族的这些盲目攀比行为背后有说不出的苦楚。有些人表面看上去似乎很富有，实际上是在用不多的薪水装点门面，积攒了大量的无用之物，却不懂得如何去利用，也不懂得如何舍弃，结果等于给自己套上了枷锁，给本来美好的生活抹上了灰色。

人家有的我也要有，人家能花的我也能花，不管有没有必要总不能比人家矮一截。许多人收入不高，仅仅能解决温饱问题，但在消费上却喜欢跟别人较劲，忽视了自己的经济实力，到了最后往往是拮据度日。

何晞在某大使馆担任中方雇员，每月工资有六七千，看起来不少，但是却总攒不下钱。每月房租、吃饭、交通等生活费用加起来其实最多也就是三千多，每个月省下一两千元按说是很轻松的事，可是，何晞自己也不知道为什么总是攒不下钱。

为了攒下钱，每当月初的时候何晞都会将这个月的开支计划好，结合上月的消费情况，发现这个月精打细算的话，存上千把元没有问题，心里自然美滋滋的。但是，第二天一上班，这样的计划全部打破了。

看见同事小A花了一千元买了一款漂亮的新裙子，心动了。心想小A的薪水还不到自己的一半，就舍得买一千元的裙子，自己有什么不敢买的，于是，她迫不及待地想自己也有一条。问好了在哪家商场买的，下了班就急匆匆地奔向目的地了；中午和同事一起在外吃午饭的时候，小B向她炫耀说，周末男友带自己去某家高档餐馆吃了一次美味的西餐和烤肉，描述得让她直流口水。何晞开始心动了，每天忙得要死，周末是应该好好犒劳犒劳自己，于是付诸行动，去了那家餐馆享受一番，200元钱没有了；那天下午她的省钱计划又进一步被摧毁，平时与她一起坐地铁上下班的同事小C今天开了一辆崭新的桑塔纳，热情地让她搭车一起回。坐车的感觉就是爽，于是，何晞开始想什么时候自己也能有一辆车就好了，再也不用赶时间去挤地铁了。买不起车，又不想再让自己受罪，只好打的了，这样一来，一个月300元钱又出去了。

傍晚时分，吃过晚饭躺在床上，她开始思考自己的生活：周围的同事都

活得那么滋润，穿的、吃的、开的，都比自己强，为什么自己偏要为难自己，为了存折上的几个数字，什么都不敢花？再说这都是自己挣来的钱，又不是偷的、抢的，花得理所当然。于是，前几天订的消费计划在头脑中荡然无存，冲动消费的习惯开始抬头，花了大把的钱为自己买漂亮的衣服、首饰、化妆品……一个月的工资就这样被打发光了。

到下个月月初的时候，家人打过来电话说亲人生病了，需要住院；在一次同学聚会上，得知大多同学都已买房结婚了，而自己还是身无分文的单身一人；房东开始过来催缴房租和物业管理费了，摸了摸空空的钱包一下慌了神；又有一天早晨，刚到单位听说效益不好，准备裁员了，一下子紧张起来……面对眼前的一切，何晞才开始捶胸顿足，开始追问自己：万一丢了工作，自己以后怎么生活？家人怎么办？为什么不能留点钱以防不备之需？心理上的不安全感促使何晞全力投入紧张忙碌的工作中。

何晞的收入很高，但忙了半天却没有多少积蓄，只是因为陷入了高收入盲目攀比而盲目地花钱，再忙着挣钱的穷忙怪圈。

可见，盲目地攀比和自我虚荣心的满足并非是件好事，许多穷忙族的困境也是始于此，奢华堆砌的物欲并不会让我们得到真正的满足，反而，自己的内心会越来越空虚，同时又会越来越没安全感。

摆脱这种不良状态的主要方法是摆正自己的消费心态，对自己的当前现状，包括收入、支出状况等有一个清晰的认识，一旦攀比的念头又冒出来时，要理性地把它强按下去，几次下来，攀比心理就会轻松地被克服掉。

生活压力让人喘不过气

2009年，一部电视连续剧《蜗居》掀起了巨大的波浪。《蜗居》中海萍关于她的生活成本的计算是现实的真实写照：“每天一睁开眼，就有一连串数字蹦出：房贷6 000，吃穿用2 500，人情往来600，交通费580，物业管理费340，手机费250，还有煤气水电费200……也就是说，从我苏醒的第一个呼吸起，我每天要至少进账400，至少！这就是我活在这个城市的成本，这些数字逼得我一天都不敢懈怠。”不敢懈怠的海萍每天背负了巨大的压力，不劳动就没有收入，没有收入如何生活养家？

因此，很多人在现实的压力下成为穷忙族，每天一睁眼，就欠下了钱，必须要赚够多少钱才够生活成本。但是穷忙族的生活，真的好过吗？保卫钱袋的个中辛酸，这恐怕只有自己知道。

在20世纪90年代末期，国家开始推行积极的财政政策，在社会转型的基础上，利用扩大内需来拉动消费，拉动经济。拜金主义、消费主义等金钱至上的思想也同时开始在国内露出苗头，越来越多的人开始预支明天的钱来满足今天的欲望。但是人作为一种生物，有生、老、病、死这个自然规律，这就注定了人不能只想现在，不得不为以后来着想。穷忙族的特征也就出来了。

从穷忙群体日常消费的角度来看，生活的压力正在不断加大：柴米油盐步步高升；小病拿钱，大病拿命；钱进股市遇见熊；孩子教育一掷千金；汽油柴油不见降；赡养父母不啃老；什么都涨工资不涨……面对这样的现实，本来生活在高节奏中的人们开始了更多穷忙的生活。

田先生在南方一家轮胎生产企业工作，前几年他所在的企业与全国几家知名汽车公司保持着很好的合作关系，订单从年初一开工就排到了年底，经济效益连年攀升，田先生的收入也水涨船高，与开始进入这家企业相比增长了40%。

但是，后来受到全球金融危机的影响，田先生所在企业受到很大影响，汽车行业不景气，唇亡齿寒，作为生产配套设施的轮胎企业日子自然也跟着变得不好过了。想按照过去每年的惯例，在年底得到加薪也指望不上了，只要不减薪，不被炒鱿鱼，再忙再累也是难得的幸福了。

有着与田先生相似经历，因受全球经济不景气的影响，经常为饭碗担心的人并不鲜见。

苏小姐在一家家电生产企业上班，受经济危机的影响，企业经济效益一度下滑。各种办公资源是能省则省，自己的收入也随之锐减，加班成了免费的了，年底奖金也泡汤了，各种补助也大大缩水，就是这样谁也不敢有任何怨

言。眼看着试用期和合同已经到期的员工一个个都被迫离开了公司，危机感自然更加强烈了。

回过头来再关注一下那些忙着找工作的大学生，随着用人单位和招聘岗位数量的大量缩水，本来就业形势就很严峻的刚毕业大学生找工作就变得更加困难，投了好多份简历都石沉大海，应聘了好几家公司都接不到上班的通知，这种倍感失落的忙比那些忙于工作的在职穷人更让人难以忍受。

越来越多的人一步一步地沦为“穷忙族”，与他们所面临的职场危机有着直接的关系。最近由国内权威机构在各大城市对近万名职场人士进行的一项职业压力调查结果显示，九成以上的职场人士都承受着一定程度的职业压力，六成以上的职场人士感到职场压力过大，其中IT、医药、金融、销售等行业压力最为突出，这使得人们不得不紧张忙碌地投入工作。

首先，想谋得一份不错的饭碗都是很困难的事，一个外资企业的工作岗位会有几百人应聘，就是为了这百分之几的录取率，应聘者队伍像春运买火车票一样，等上两三个小时也要碰一碰运气。天天在繁忙中度日的现代人，可曾停下来想一想，我们应该怎样做，才能让失控的生活重新回到正轨？

[第三堂课]
忙碌的N种状态：你是否会正确地忙碌

穷忙族每天忙于工作、忙着应酬、忙着应对上司安排的任务、忙着充电、忙着养家糊口……总是有很多事在忙，但是又总觉得没忙出什么名堂，还把自己搞得身心疲惫，他们到底在忙些什么呢？

你为什么那么忙

很多穷忙族在生活中工作中忙忙碌碌，没有一分钟停歇。但是他们就像拿着弓箭的孩子，射出箭的总是射不到靶心。忙了一段时间以后，问他们达到了什么目标，他们却答不出来。

不少穷忙族只顾埋头做事情，每天都忙得不得了，不给自己制订详细、明确的职业规划，后来发现自己的行业不错、公司也不差，但是总没什么进步。

职场竞争激烈，忙碌是正常现象。但有的人忙得充实，有的人却忙得很疲惫。“穷忙族”最显著的特点就是每天脚不离地地忙着，甚至超时工作，却不知忙些什么，为什么而忙，看不到效果，也看不到希望。甚至有些人迫于生计或本身技术含量不高，身兼数职，每天疲于奔命：

老是在做别人让你做的事；

老是用同样的方式完成一件事；

做你不擅长的事；

做无乐趣可言的事；

总是被打断的事；

别人谁也不感兴趣的事；

超出预计两倍时间才能完成的事；

合作者不可信赖或没有品质保障的事；

不可预期进行过程的事；

煲电话粥；

……

你常常对自己的忙碌表示无奈，但是仔细分析一下，造成你忙个不停的却是你自己。因为总是没计划的做事原则，没有对时间进行合理管理的概念。如果你时间安排得好，你完全有时间放松自己、去喝个茶、打个球、看场电影，做任何自己想做的事。时间管理的第一个原则是：对每一件事都尊重，包括对休闲的尊重。心情是可以创造的，时间是可以掌握的，善于安排的人，永远不必喊“忙”，因为他知道自己要什么与不要什么。

时间管理在工作中是很重要的环节。开着的MSN，开着的QQ，MP3中还播放的音乐，这些都可能影响工作效率。其实并不是说不要打开它们，而是你对时间要有科学的管理。不管在每一个时间段需要做什么，都要做到有规律、有顺序。还有，下班后不妨将手机关机，就可以享受生活了。

一般造成时间不够用的原因有：做了不想做的事；做了做不了的事（比如花太多的时间去做刁钻古怪的题）；做事拖拉，常常拖到最后一分钟才动手（结果事情越积越多）；制订的目标不切实际（结果因不能实现而导致心烦意乱）；从来不制订学习、工作计划；不习惯花时间去权衡哪些事情需要优先处理；经常很勉强地答应一些你本来想拒绝的事情，或者不能抵制一些无端的打扰；工作、学习与生活的场所凌乱不堪，很少整理；几乎把所有的时间都用于学习、工作，极少有时间与家人或同事交流，不能得到来自他人的经验指导等。

看看自己有没有上述的不良习惯？如果有，你就要下决心摒弃它们。

时间本身无穷无尽，但对我们每一个人来说它却是有限的，甚至是短暂的，因为这就是生命的属性。怎样赋予有限的生命以无限的价值？怎样让自己的生命充满活力？如果你想要有效地利用时间，首先就要有效地掌控时间；而要有效地掌控时间，就要让自己处于主人翁的地位。掌控时间就像人掌控自己的肢体一样，能了如指掌、控制自如，而且对时间的分配有绝对的主动权。

为生存而奔波忙碌

想必会有不少穷忙族正为这样的糟糕情况倍感苦恼：每天都埋头于公司的日常琐碎工作，经常还要忍受无绪工作所带来的疲惫、争执和困扰，回到家又要操劳家里琐碎的杂事，而辛苦劳累的结果却是事业、朋友、家庭都没能顾好，钱也见不着影。甚至于网上对工资有个很特别的比喻——“工资就像大姨妈，每个月来一次，来几天就没了”，虽然这比喻让人听着有点不雅，但仔细想想还就是那么回事。于是大家都觉得自己终于领悟到白领的“真谛”了——钱领了也白领。

现年32岁的李倩就是不折不扣的这样的“白领”一族。

没参加工作的时候，她特憧憬能马上毕业，穿着时尚杂志里的经典职业装，优雅骄傲地穿梭于办公间、会议室、飞机场、一座城市与另一座城市……但是有时，想象是一回事，实际又是另一回事，等到真正工作了，才发现一切都不是想象中的那样美好。

三年前李倩通过招聘进入了她现在工作的这家公司。上班刚开始时，李倩把本职工作做得非常好，且给人以踏踏实实、勤勤恳恳的好印象，办公室里的同事都很喜欢她。她和老公就是由办公室恋情发展结为夫妻，两人的薪水和各种奖金加在一起都在7000元左右。婚后第二年，两人按揭贷款在郊区购买了一套两居室的住房，4万元的首付由父母赞助，月供2000元左右，当时生活得挺滋润，基本上没有什么负担，周末还可以经常去外面饭馆改善一下伙食，看

看电影，逛逛街，每个月还能剩下3000元，但是儿子的出生却改变了两人的生活，处处显得捉襟见肘。

她和老公本来没打算要小孩，起码最近几年不要小孩，怀孕生子纯属一次意外行为。毕竟两人的收入在大城市来说只算是中等收入，而且薪水增长的空间不大，只要能维持住这样的收入水平就已经难能可贵了。可是，一次意外怀孕却让李倩不知所措，谈起做流产手术，她心里就有几分惧怕，但是不做又担心会养不起。正在她左右为难之际，双方父母得知了李倩怀孕的消息，都为她感到高兴，就鼓励她把孩子生下来，在家人的一再相劝下，夫妻两人只好改变了不要孩子的打算。

第二年，儿子的出生使两人的经济负担增加不少，一个月2000元的按揭款照付不误，像以前那样下馆子、大手大脚地购物是不可能了，但是每个月的水电费、手机费、孩子奶粉费等日常生活开支最少也得2000元，而且更糟糕的是，本来答应在孩子出生后来市里帮着看孩子的婆婆突然得了重病，不得不临时雇了个保姆，这样两人的经济负担又加重了许多，每个月还多出一笔支付给保姆的薪水，又要往老家寄给婆婆看病钱，这样一来，每个月7000元的薪水几乎花得一干二净。为了维持正常开支，两人不敢有任何懈怠，薪水不涨就算了，万一收入缩水或者丢了工作，生活就会变得难以维持。

后来，孩子上了幼儿园，消费开支更大了，一年交1000元的赞助费，一个月交750元的学费，一年下来就将近1万块钱，还不敢上市里比较好的幼儿园，那里的学费要比一般的幼儿园高出一倍，而两人的收入却一直不看涨。

为此，李倩不得不找了几份兼职增加家庭收入，老公准备换一个薪水更高一些的工作，也开始忙起了充电，这也需要不少的精力和投资，况且，商业世界的变化太快，投入时间和精力以后，如果不能学以致用，很有可能发现自已会穷忙了一阵，就这样，他们渐渐地从开始结婚时惬意的小资生活，成为了越忙越穷的穷忙族。

其实这样一对夫妻在每一座大城市都随处可见，为自己的生活、为还房贷、为孩子的学费、为照顾老人的花销，整天像个陀螺一样团团转，就为了每个月那份可以支撑这些的薪水，片刻不敢怠慢，因为只要一停下来，就会没有经济来源，生活就没有办法正常运转下去。但是一直这样不停地忙碌奔波下去，何时才是个头呢?

你的时间都花到什么地方去了

好像总是听到很多人会说自己忙，但是一问他，在忙什么？他好像就说不出来在忙什么。我们大多数人是不是都遇到过这样的情况?

虽然很多人从早到晚嘴里都叫着自己忙得要命，可是各种体育赛事的电视转播从不放过；电视连续剧也是很多人每天必不可少的节目；不管眼睛有多么劳累，连广告也不肯错过；一整天都盯着电视荧屏大做白日梦，并且日日如此。等到看完了所有节目，就懒洋洋地躺到床上去，随手拿起一摞厚厚的报纸，从头到尾逐字阅读，研究那些与自己毫不相关的八卦新闻。光这两件事情就完全占用了这些人每天所有清醒的时间了，而他们偏偏还有另一个习惯：只要电话一到嘴边便开始喋喋不休，就好像每次电话那边的人都是多年不见的亲戚朋友似的，不讲上一两个钟头绝不罢休。这种生活中的“忙”，表面上看起来日理万机，但实质上并没有忙出什么效果来或者说根本没有做出什么实质意义的事，但是这些人还是一副面色苍白、憔悴不堪的样子，于是，他们总是无奈地抱怨道：“这样忙下去，真让人吃不消！”

多年来，很多效率管理专家不断宣扬要有效管理时间，以便解决所有的问题，但是，有些人在细心研究之后发现了这种观点中不合理的因素，即原本不需要努力去忙碌的事情，人们却把大量时间花在上面，当人们花费心思处理那些不重要的事情时，无形中已经忽略了其他重要的事情，这是另外一种境界的“穷忙”。所以，不是所有的事都值得花费大量时间在上面，不值得做的，千万别做。因为不值得做的事，会让你误以为自己完成了某些事情。你消耗了大量时间与精力，得到的可能仅仅是一丝自我安慰和虚幻的满足感。

李新是一个野心勃勃的企业家，后来他不断追求进步，他的事业也开始辉煌，业务范围不断扩大。他的经营范围拓展到制造业、中介业务、管理事

业、旅馆经营、公寓改建等等，每一种行业他都想发展，而且都定为自己的奋斗目标。最后，李新的事业扩大到连自己都弄不清楚究竟涉足了多少行业的地步。

在李新看来，没有什么是自己做不到的，所以他想试探自己到底有多大的潜能。每次当他看到报纸上自己那耀眼的名字，感觉特别舒服。然后再看一遍，感觉更舒服。于是便觉得凡事愈大、愈多就愈好。

可是好景不长，一天银行通知他预付款已经到期，需要立即偿还贷款时，李新崩溃了。他开始责怪每一个人，把错误归咎于银行、社会经济形势和公司员工。他根本没有认识到症结所在：是自己公司的业务太多了，导致工作上每天都抓不住重点，天天忙碌，却无业绩，以造成资金短缺，使公司无法继续运营。

经常有人抱怨说自己："忙活了一天，到了晚上，觉得好像什么也没干。""总觉得时间不够用，恨不得把自己分成两个人。""工作总是完不成，做梦都是做工作，我现在失眠，没法放松。"这样的话似乎每天都能听到，我们不难发现，他们当中许多人的工作是杂乱无序的，既抓不住工作的重点，又不知道什么时候该做什么，什么时候不该做什么，做事眉毛胡子一把抓，结果什么也没做好。其实只要放弃做一些事情，情况就能大为改观。

相反，有些人忙，却是忙在重点上的，他们能够通过自己的思考判断，从众多烦琐的事务中挑出最具价值的几项，并把大部分时间投注在其中。他们会适当拒绝出席那些无关紧要的应酬，而专心于工作。这样的人往往拥有既定的工作计划，并且抓住工作的重点，在说话时也能一针见血地突出主要部分，选择恰当的时机说出结论。

这种忙才是名副其实的"忙"，这种忙碌能够帮助他们"碌碌有为"，渐渐走向不忙。所以，作为"穷忙族"的人们，你们可以忙碌，绝不能在盲目中忙碌或忙不到点子上。忙一定要有重点，有方法，要知道自己在忙什么，为了什么忙。每天工作的开始，如果并不知道当天的哪些工作是重点，哪些工作可以放一放，就难以早日走出穷忙了。

只懂得在一件又一件琐事中节约时间的穷忙族，可能清楚地知道自己的时间应该节约，但却不知道自己应该把时间花在什么地方。这类人可以称得上是个珍惜时间的人，但却不能算是个管理时间的成功者，因此只能平均地使用时间，因而也无法摆脱“穷忙”的命运。

善于管理时间的人，平时决不会在无谓的事情上浪费一分一秒，但对于自己的战略目标，却不怕花上一年、十年，甚至一生的时间。

不要因为忙碌而迷失自己

有一家知名企业招人，许多刚毕业的大学生前来应聘。其中20个人很幸运地进入复试。监考人员进来说：“你们只有3分钟时间做完考卷，没做完或者超过时间没交的一律作废。”

题目是这样的：

1. 请认真读完考卷
2. 请在考卷右上角写上您的姓名
3. 请在姓名下面写下拼音
4. 请写出五个中国科学家
5. 请写出五个外国科学家
6. 请写出五部中国古典名著
7. 请写出五部外国古典名著
8. 请写出五种植物名称
9. 请写出五种动物名称
10. 请写出五种爱迪生的发明

只有两三个人在规定时间内交了卷子。当考官宣布考试结束时，其他人都还忙着在卷子上写字。很多人抱怨时间太短，题目又多。可是考官却笑笑说：“你们没有认真把试卷读完。”

考生们都在认真地读着，考卷的最后一行写着这样一句话：“如果你已经看完了题目，请只做第二题。”

怪谁呢？只怪自己过于忙碌，以致迷失了主要目标。

我们每一天起床后，都会面临一系列新的任务和工作和一个个陌生的情境。如果盲目地往前冲，误打误撞，只是跟着感觉走，难免会感到越来越混乱。

很多穷忙族也许并不在乎，因为他们奉行“只问耕耘不问收获”的人生哲学。但问题的关键在于，如果任凭自己在忙碌的工作中盲目下去并成为习惯，那么我们再怎么努力也只是浪费时间，而且越多的努力就意味着越多的浪费。在这种情况下，只问耕耘不问收获的收益是很低的。

我们不能因为看着眼前的一堆事就开始搞不清状况了，看到什么事就做什么事，而应该保持清晰的头脑，仔细分析过后，再开始行动。人们面对很多选择的时候，往往会做出错误的判断。

在管理学中，因为有太多的选择而导致绩效降低的规律被称为“手表定律”，意思是说：两只手表并不能告诉一个人更准确的时间，反而会让看表的人失去对准确时间的信心。只要有目标，太多的选择也不见得是一件好事。

现实生活中，有些穷忙族在做事时往往不知道自己到底在忙些什么，从而忽略了一些关键性的细节，或者是认为小事太小不足为重，因而导致了重大差错。

有这样一个富有启迪性的小故事：有一个住在80楼的青年，有一次周末出去爬山后回到家后，发现整个小区停电了，这时他才想起到昨天就贴出来的停电通知，现在懊恼也来不及了。因为太晚也不想打扰朋友，所以思考了一番，决定选择爬楼上去。于是，他背起一大包行李一个台阶一个台阶地往上爬，爬到20层的时候，开始觉得有点爬不动了，于是把行李放下休息。然后他决定把行李先放在20层，等来电后再坐电梯下来拿。

于是，卸下行李，他又开始空手继续往上爬，虽然感觉比背着行李时轻松了许多，但是爬到40层的时候还是累得气喘吁吁，实在支撑不住了，决定再休息一下。心里充满了抱怨，本来爬了一天的山已经够累的了，又遇上停电。休息了十几分钟又接着往上爬，一口气爬到了60层，连抱怨的力气都没有了，停下来歇了一会儿，默默地继续爬楼梯，终于到了80层的家门口。长长地舒了一口气，但是当他想拿出钥匙开门时，却发现口袋里没有，这时，他才想起来他的钥匙留在20楼的行李包里了！

你可能觉得故事中这个青年的遭遇很悲惨，累了半天终于爬到80楼结果却发现因为太累忽略钥匙这个小小的关键性的细节而白白受累。其实，类似的穷忙事件几乎每天都在我们身边上演：在电脑上敲了一天才写完的工作方案忘了保存；在算账的时候因工作疏忽，错将小数点移位，将工程造价扩大了十倍；寄快件写错了收件人的地址等。细节上的失误都会导致前期的忙碌功亏一篑。

所以，无论我们处在多么忙碌的状态中，都不能迷失自己，因为这样不但会让自己之前的努力白费，也会让之后的工作无法进行或者进行得毫无意义。

忙碌并不代表你做的事就多

你觉得自己很忙，很用心地在工作，每天提早上班，推迟下班，埋头苦干，任劳任怨。有的人连周末都不休息，这样勤劳地付出却没有看到对等的回报，别说当事人，就连旁人也纳闷，为什么会这样呢？

有这样一个富有深意的故事：一位伐木工人在一家木材场找到了一份薪水很不错的工作，试用期为一个月，这位工人对这份工作很是满意，于是下决心一定把工作做好。

上班第一天，老板给了他一把利斧，并给他规定了一天砍15棵树的任务。这位工人很卖力，这一天砍了18棵树，老板对他的工作大加赞赏：“干得不错，一直这样干下去的话，月底给你多发一点奖金。”工人听了很高兴。第二天，他干得更加卖力了，但是，不知怎么的，这天他刚刚完成15棵的工作量，发誓明天一定要更努力，多砍几棵树。第三天，他比前两天更卖力了，但是结果却让他很失望，一天下来仅仅砍了10棵树，没有完成工作量，想加班，但是已经没有力气了。

工人很担心被炒鱿鱼，就跑到老板那道歉，说自己明明已经很努力了，

但是不知为什么树却越砍越少。老板关心地问他："你上一次磨斧子是什么时候？"

"磨斧子？"工人听了很是诧异，"我天天忙着砍树，哪有工夫磨斧子？"

这个故事中的伐木工人身上有着很多老黄牛式员工的身影，但是他们却还没有伐木工人的觉悟，因为至少伐木工人还会向他的老板请教是怎么回事。而那些老黄牛式的员工，却只知道埋头工作。孔子说："工欲善其事，必先利其器。"当你每天都很忙，却老是忙而无功；当你感觉付出很多，得到的却只是老板的责骂；当你没有一刻空闲，等到总结的时候却说不出所完成的成果；当你身心疲惫，但却是一无所获时，那么，你可能不是工作不努力，而是工作效率存在着问题。

如今的职场竞争越来越激烈，忙碌成为了一种正常现象，但是有些人的忙只是一种惯性，每天脚不离地地忙着，甚至超时工作，却不知忙些什么，看不到效果，也看不到希望。

曾经有一家国内大型企业的总经理这样要求他的员工说："我们的工作，并不是要你去拼体力，而是需要你聪明地工作。"的确是这样，在日益激烈的现代市场竞争中，一名优秀的员工绝不是那种只知勤勤恳恳、循规蹈矩工作的人，而是能够在工作中不断发挥聪明才智的人。无论是现在还是将来，我们很难靠一味苦干来取得终身受雇的机会，但却可以靠聪明的智慧找到长期饭碗。当你不断发挥你的才智以适应不断变化的需要时，你就一定能轻松地胜任一般人胜任不了的工作岗位。

相同的工作内容，有的员工费了九牛二虎之力才得以完成，而且效果不理想，而有的员工却可以十分轻松地完成，取得了事半功倍的效果。这除了不懂得安排时间之外，更主要的是不注重工作的效率。如今生产生活节奏加快的时代是凡事都讲求效率的时代、是巧干升值的时代。巧干是每个正常人所具有的自然属性与内在潜能，是敏锐机智、灵活精明的反映；是分析判断、解决问题的能力；也是充满活力、最具生产力的宝贵财富。可以这样说，一个人没有金钱并不可怕；没有地位也并不可悲；只有不注重效率的一味蛮干才是人生最大的缺憾。所以，当你的回报远远不及你的付出时，你就要静下来问一问自己，有没有一种更轻松、更快捷、更简单的方法，找到了这种方法，你才会摆脱整夜劳作的辛苦局面。

有效的“忙”应该是在特定的时间段中朝着特定的目标进行连续不断努力的生存状态。忙碌可以使我们的生活充实，让我们回忆起来觉得对得起自己的时间。但如果是碌碌无为，忙得不可开交，忙得没有了效率，到头来一无所获，那就太可怕了。

为什么你工作时间长，工作经验却不丰富

某公司来了一位踏实能干的年轻人，不久就被提升为部门经理。这让同在该部门工作的老王很生气，因为他在这家公司里忙碌了15年，但是一直没有被提升。他越想越来气，跑到老板办公室，抱怨说：“我在这里工作兢兢业业，已经有15年的经验，可是您却把刚来了半年的新人任命为经理。我没有办法理解您的做法。”

老板耐心地听他说完：“老王，你的心情我可以理解。但是，有一点你弄错了，你并没有15年的工作经验，你只有一年的经验，只是把它兢兢业业地用了15年。”

老王听后，呆了半分钟，默默地走出办公室。因为老板所说的话，他确实没有任何可以辩解的。

在这个问题上，有很多穷忙族和老王一样，以为自己一直在认真地在工作，兢兢业业几年或者十几年，其实，这只是拿时间在堆工作年限而已，只能说明你工作的时间很长，经验并不一定和工作时间成正比。

一个公司每天都发生许多事情，职员人数越多，发生的事情也就越多越复杂，虽然上司不可能掌握下属职员的每件事，但是他心里还是知道每个员工为公司做了些什么。所以，那些盲目地认真工作的人，往往得不到上司的认可或者提拔而感到遗憾或者愤愤不平，这是毫无意义的，你应该埋怨的是你自己。

在现实生活中，无论是业务能力还是晋升速度方面，究其根本原因，无论你如何认真地工作，除非你有明确的工作业绩，不然即使你默默刻苦地认真工作，也不可能得到上司的认可。

职场不同于有些工作环境，不是你工作时间长、工作年限久就可以有资格，可以累积工作经验，有的人可能工作一年比有的人十年所获得工作经验更多。

谁都希望在职场中获得最快的发展。然而为什么有的人工作了很多年还在原地踏步或进步不大，而有的人却在很短的时间内获得了一般人无法想象的发展机会，两者之间的区别到底在哪里？

最根本的原因，就在于工作是否到位。到位不到位，相差一百倍。在职场中发展最快的人，永远是把每一项工作都做到位的人。

如果一位将军在战场上总打败仗，那么没有人会认为这位将军是位好将军；如果一位公司总裁连续数年都不能带领公司走出亏损，那么至少在这家公司他不能被定义为好总裁；如果一位医生的手术成功率总是低于行业平均水平的话，那么也没有人会觉得这位医生是位好医生。当然，能创造业绩的员工并不一定都是好员工，但如果持续地没有业绩、没有绩效，这样的员工就一定不是好员工。

我们往往以为自己很努力了，其实还不够努力，所以我们没有成功。只知盲目地埋头苦干是愚蠢的行为，应该突出自己为公司创造的利益，缩小所犯的过失，而且需要随时根据上司以及公司的期望与目标，从而使自己成为能为公司的发展做出贡献的人。

不要以“老好人”来要求自己

对于每个职场人士来说，天天在一起时间最长的人不是家人，也不是朋友，而是你的同事。他们和你在办公室面对面、肩并肩，同劳动、同吃喝、共娱乐。但当我们有了“私人空间”的概念之后，我们同样不能忽视合理的社交空间和公共空间，办公室里的距离如何把握，并不是那么简单的事。

当然，和同事搞好关系是应该的，但这要看你和同事之间的“好关系”是靠什么来维持的，他们对你的“好感”是如何形成的？若是只是因为你是一个很好“使唤”的同事，能够为他们分担很多杂务，甚至成了他们犯错时的“牺牲品”，显然，这样的“好关系”不值得建立。尤其作为初涉职场的新人，要记住，同事不等于同伙，不能公私不分。和同事保持恰当的距离，会使你工作起来有更好的效果。

曾经有部很红的偶像剧《命中注定爱上你》，剧中有个叫陈欣怡的女生，她戴着厚厚的黑框眼镜，说话总是唯唯诺诺，只要办公室里谁需要什么她总能及时赶到，桌上贴了一堆便利贴，上面写着小A说要咖啡，小B说要复印文件，小C说自己的报表还没做……她也被称为“便利贴女孩”。每天加班到最后才走，因为上班的时间都在帮忙做别人的事。

刚进入一家公司的小唐就是现实版的“陈欣怡”。由于是新人，难免总是小心谨慎，很怕自己一不小心就得罪了同事。所以，每逢休息日值班，只要谁启齿找人帮忙，小唐都会答应下来，为此她不知牺牲了多少个休息日，久而久之都成值班专业户了；平常上班，小唐也老是早早就到了，收拾台面，打扫办公室，只要谁说一句“没吃早餐好饿呀，有没有什么东西填肚子？”小唐就赶紧拿出自己买的牛奶麦片，送到他们手上；炎炎夏日，她还经常买些冰镇可乐带给同事喝。小唐成了典型的“办公室老好人”。

但跟着工作的逐步增多，小唐没有再像以前一样帮他们跑腿，埋怨也就陆续而来，有的还当着她的面开涮：“摆什么架子嘛？来来来，帮我把这份材料送到各个部门去。”“嗨，去仓库拿一包打印纸过来，我们等着用呢！”碍于人情，她仍是做了。可就是因为这个“老好人”的身份，小唐常常连自己分内的工作也没做好。

大概有很多职场新人也有近似苦楚：不分场所示人微笑，人家感受你没个性；对同事有求必应，必然有某次因为能力或其他原因你“应”不了，人家便感觉你不够意思，从而疏远你；你心无城府地多次借钱给同事，他很快心安理得觉得习以为常，你却是被逼入两难的境地——讨，怕伤感情；不讨，自己经

常钱不够花；办公室里只有你不时地操练扫把和拖把，久而久之，大家把你当成兼职的清洁工，坦然享受你带来的干净整洁，心里却涓滴不记你的好。久而久之，就酿成了大家呼来唤去的“杂工”。所以，职场“老好人”仍是不做为妙。

一天中的大部分时间你会与同事一起度过，乐于助人，替人分忧本没有错，但不论是谁都应该尊重对方的作息。另外，你应该学会分辨紧急情况和无聊琐事：如果某位同事的确有急事，让你帮忙一下，当然可以欣然应允；而如果是一些无关紧要的问题，例如：“我想喝咖啡，你去帮我买一下？”则完全可以礼貌地回绝说：“对不起，我赶时间，下了班一起去喝咖啡吧，我请你！”在有约在先的情况下，就算是上司向你发出工作以外的邀请，你也照样可以婉转地拒绝。下一次，他们就不会大事小事都找上你了。

[第四堂课]
对穷忙的工作说“不”：提升工作效率和自我价值

为什么每天从早到晚地忙，却总觉得工作做不完，一天24小时不够用……难道这真的就是身为穷忙族的悲哀吗？

从一份好的工作开始

很多职场人都有这样的感觉，工作了一段时间以后工作很不开心，觉得自己丧失了刚开始参加工作时的热情，还可能觉得其实现在的公司并没有当初想象的那么好。

这些问题的根源在于没有在选择工作时进行认真思考，如果你的职业生涯中，你不知道自己要什么，就会不知道自己在这家单位里待着干什么，你不知道追求什么，所以你什么也得不到。

大多数人大概没想过这个问题，唯一的想法只是——我想要一份工作，我想要一份不错的薪水，我知道所有人对于薪水的渴望。可是，你想每隔几年重来一次找工作的过程吗？你想每年都在这种对于工作和薪水的焦急不安中度过吗？

越是焦急，越是觉得自己需要一份工作越饥不择食，越想不清楚就越容

易失败，你的经历越来越差，下一份工作的招聘人员看着你的简历肯定会皱眉头。

正确的做法是，无论你的知识背景和家庭背景怎样，在找到一份工作前，都问自己这样三个问题：我想做什么？公司需要我做什么？未来我可以做什么？

那么，究竟这份工作是怎么样的，相信你可以在心里轻易划分出非常合适、暂时合适、不合适三个等级。

有这样一个笑话：

乌鸦对乘务员说：给爷来杯水！

猪听后也学道：给爷也来杯水！

乘务员把猪和乌鸦扔出机舱。

乌鸦笑着对猪说：傻了吧？爷会飞！

这个笑话让我们看到了差距，职场中同样如此，无论是前辈、新人还是生力军，都会有意无意与大自然中某种动物的性格相似。有的人是职场上凶猛的老虎，有的人则是软弱的小绵羊，但不管是哪种动物，都有其在职场生存发展的动物哲学。

对于自己想要什么，自己要最清楚，别人的意见并不是那么重要。很多人总是常常被别人的意见所影响，亲戚的意见，朋友的意见……问题是，你究竟是要过谁的一生？人的一生不是父母一生的续集，也不是儿女一生的前传，更不是朋友一生的外篇，只有你能对自己的一生负责，别人无法也负不起这个责任。

好工作，应该是适合你的工作，具体点说，应该是能给你带来你想要的东西的工作。你还是要先弄清楚你想要什么，如果你搞不清楚你想要什么，你就永远也不会找到好工作。

在选择工作的时候一定要理智，坚持自己选择的同时，也要注意及时调整自己的方法，我们可以尝试走其他的路，但是路走错了要及时返回来，至少你增加了阅历，下一次你才不会犯更大的错误。

一份安逸、待遇优厚的工作，对一些人未必合适；一份艰辛、充满挑战的工作，却可能给一些人提供发挥潜能的巨大舞台。

一个人的职业生涯中，从事的工作不可能一成不变。不同工作岗位的内容、环境、压力、变化、前景等都有区别。对于个人来说，尽量选择适合自己性格的工作，因为每一种工作都对从业者的性格有特定的要求。拿公司来说，前台接待人员一般要亲切、热情、周到、体贴他人，才能做好服务工作。再比如，作为一名软件开发的工作人员，适合这份工作的性格应该是严谨认真、一丝不苟、精益求精、善于合作。也就是说，如果自己有意从事某一类型的工作，也要有目的地培养相应的性格特点。

一个人的优势、特长得到发挥，有利于实现人生价值的最大化。因此，一个人选择职业时要从自己的兴趣爱好出发。

要有100%的工作态度

不论是从事哪种行业，或者是干什么工作，如果你这项工作干得足够出色，或是成为本行业的佼佼者，那么金钱的回报是自然而来的。无论做什么，把它做到极致便是最好的。

我们所看的电视机，最早是黑白的，后来发展到彩色的，又发展到直角平面大屏幕，又发展到数码高清晰度的平板电视。我们用的电话，刚开始时是一对一的连线，后来发展到一部电话可以打往全国各地，世界各地，又发展到不用电话线的手机，而现在的手机还可以拍照、上网、视频通话、电子地图等。

世界任何事情都是像制造电视机和电话一样，凡事都可以做得更好。不论你是修理汽车，是清扫马路，是大公司的电脑操作员，还是公司的老板，在你工作的范围内，任何事情，所有方面，都可以做得更好，更加出色。就像一条湿毛巾，你第一次拧可以拧出水来，第二次再拧还可以拧出水来，第三次、第四次，如果用力足够也照样可以拧出水来。这就是追求卓越，追求100%的原则。

有一位开制衣厂的老板，他的工厂需要裁布用的剪子，他买的剪子全部是德国制造的。一把剪子的价格是普通剪子的十多倍，他说尽管价格贵了很多倍，但他愿意付。

这种剪子的质量寿命比普通剪子的寿命要长十多倍。普通剪子用不了多久便钝了，你需要花时间去磨，磨了几次后剪子便不会再锋利，但这种德国剪子，你可以一直用，始终很锋利，不需要磨。

你完全可以想象，制造出这种剪子的工厂，一定是采用了追求极致，追求100%的原则而生产出这种高质量的剪子。

只要细心，我们可以在很多领域都体会到追求100%的精神，这种精神不仅提高产品质量，也带来丰厚回报。

一名酒店服务员是这样做一杯柠檬汁的：他把柠檬汁倒在一个玻璃杯中，然后拿起杯子转了两圈，以便让柠檬汁都均匀地流在玻璃杯杯壁上。然后他再切两片鲜柠檬，用手挤出了汁放在杯子中，用一个小铁钩把两个半粒的柠檬核挑出来。这样，再端上来的新鲜柠檬汁，底部便不会有沉淀，两片新鲜的柠檬已挤出汁液，而且两个半粒的柠檬核也已挑出，这叫作服务。

尽管一杯柠檬汁水只是几元，但这种服务精神给人印象很深。尽管这家酒店的柠檬水稍贵一点，但它物有所值。人们欣赏并敬佩这家酒店服务员的工作精神，付费时，往往给的小费已超过了一杯柠檬汁本身的价格。

在这个世界上有很多优秀的人，他们受过良好的教育，头脑也很聪明，知识面也很广，但是很难做出很大的成就，问题的关键就是他们普遍存在着一个共同的缺点，那就是做事时没有做到尽善尽美，只要凑合就行了。因为他们在工作时没有追求极致，追求100%。而是过多地去想自己的工资和待遇。这样的做事态度，其结果就是害了自己一辈子。

许多白手起家而事业有成的人，还在小学徒或小职员的时候，就能以最高的热忱和耐心去面对上司给予他们的小工作。正所谓“一屋不扫，何以扫天下？”只要你把自己定位在一心一意地做好身边小事的基础上，世上就没有做不好的事。用100%的态度去对待你的工作，即使是小工作也能做出大成就。

一次做一件事胜过做多件事

著名的思维研究专家德·波诺曾经在《六顶思考帽》一书中谈到过一个有趣的实验：他让实验者在大街上观察一分钟内过往某一个路口的车辆，并要求他记录下这一分钟内过往车辆当中黄色汽车的数量，等到实验者观察完毕并把答案递交上来之后，他又让实验者回忆一下刚才经过路口的黑色汽车的数量，结果没有一位实验者能够回答上来。

这个实验说明，在大多数情况下，一个人的注意力只能集中在一件事情上面，如果有人一定要同时思考或者关注几件事情的话，他最终很可能哪件事都没做好。心理学家发现，如果一个人能够在工作过程当中精力保持高度集中，他的心理能量就能够更加集中地投入到正在进行的思维活动中，从而使思维在特定的问题上处于最佳激活状态，最终使大脑能够高效地进行信息处理和问题解决。

美国纽约中央车站问询处，每天都有很多来往各地的旅客，不可避免要问一些问题。如何在给提问者回答的时候做到方寸不乱，对于问询处的工作人员来说，往往是件很令人头疼的事。可事实上，有人注意到，有一个工作人员的工作状态却好到了极点。

此刻，在他面前的旅客是一个中年妇人，手里拎着很小的行李箱。服务员把头抬高，集中精力，透过工作间的隔栏看着这位妇人，

“您要去哪里？”

“特温斯堡。”

“是俄亥俄州的特温斯堡吗？”

“是的。”

“那班车将在10分钟之后发车，上车在15号站台。你现在走还赶得上。”

“我还能赶得上吗？”

“是的，太太。”

妇人转身离去，这位服务员立即将注意力转移到下一位客人——排在妇人后面一位戴帽子的男士。但这时先前那位妇人又回来问了一句：“你刚才说是

15号站台？”这一次，这位服务人员集中精力在这位戴帽子的男士身上，对刚才那位妇人的提问置之不理。

有人请教那位工作人员：“能否告诉我，你是如何做到并保持冷静的呢？”

那个服务员说：“我一次只专心服务一位旅客，这样工作起来才能有条不紊，不会被各种各样的问题所影响。”

一个人的精力是有限的，纵然你有一心两用的本事，但是如果你长期被那些琐碎毫无意义的事情所占据，就会没有精力去做真正重要的事情了。一次处理一件事，避免同时处理多件不同的工作。工作过程中要全神贯注，避免分心，排除各种使你分心的因素，你就可以工作得更有效率。同时，坚持一鼓作气，尽量不停顿、不中断，直到全部完成。

比如，目前你的生活中，你必须做的是什么呢？是求学吗？如果是，就应当把大部分的时间放在功课上面，把你的书念好再说。在这个时候，其他的交际、嗜好，都放到一边。等学好了功课，考试结束，再去交际娱乐也不迟。

鲁迅先生当年在上海写作时，他曾给自己定下一条原则：除非特殊的紧急事件必须要处理，否则就要全身心地投入到写作中去。他把所有的精力只集中在一件事情上，为自己营造一个创作与高效结合的工作环境。他每天一坐到桌子前就不再想别的事，直到书稿写到结尾，这条原则伴随鲁迅专心致志地忘我工作，让鲁迅没有感觉到写作是一件枯燥无味的工作。他在上海近10年之间创作了大量的作品，《而已集》、《三闲集》、《二心集》等作品都是他在上海期间所作。当一个人专心致志于一件事情的时候，好像世界上就只剩下这一件事。

对于一个员工来说，做好每一件事是一个员工纵横职场的良好品格，但是如果一个人不能专注于自己的工作，不能把工作做好，那么他很难得到老板的器重与提拔。在现代社会中，想必没有哪个企业会喜欢做事三心二意、马马虎虎的员工，所以一次只做一件事是把事情做好、提高工作效率的最好策略。

“一次只做一件事”是解决穷忙族工作效率低下问题的良药。卓越的职场人士往往懂得专注于一项工作的重要性，事情多了心就没有空间，能量就被事情的琐碎给耗费殆尽。每个人的工作时间都是一定的，但是每个人的工作效率却常常不同，主要在于人们能否对时间进行合理安排和运用。

学会一次只做一件事，就能成为时间的主人。许多人在工作中把自己搞得疲惫不堪，而且效率低下，很大程度上就在于他们没有掌握这个简单的工作方法——一次只做一件事。他们总试图使自己具有高效率，而结果却往往适得其反。

聪明的工作比努力的工作更重要

美国一位摆脱了穷忙困境的前辈说："忙碌，只是偷懒的一种形式，那是因为你懒得思考和分辨自己的行动。"

在不少公司，存在着这样一类员工，他们对工作埋头苦干，任劳任怨，但是时间久了，他们只知埋头工作，不知停下来思考，就像老黄牛一样"一根筋"地坚持到底，一味蛮干，最终荒废了自己的聪明才智，以至于很多本来可以办成的事情没有办成。

从前，在智利有一个饱受干旱缺水之苦的小村庄，这里除了雨水之外，没有任何其他水源，所有村民需要从远处村外的小河提水到家中的水缸、池塘用于日常生活和耕作。

为了解决这一生计难题，村民经过一番商议之后决定对外签订一份送水合同，找人负责每天往村子送水的工作。

有A、B两家送水公司在得知这一消息后都表示愿意承包这项工作，于是村民与这两家公司同时签订了送水合同，分别采取了不同的办法负责为村子东部和村子西部的村民送水。

A公司派出一名叫罗伯特的员工负责村子东部的送水任务。罗伯特在接到任务后立即行动起来，他首先在村子东部修建了一个结实的大蓄水池，然后每天在二里之外的小河与村庄之间犹如钟摆般地来回奔波，用他的两只桶从河中打水运回村庄的蓄水池中。

为了保证蓄水池中总能有足够的水随时满足村民的需要，罗伯特每天都要起早贪黑地挑水、送水，还通过加班加点额外搬运了200桶水，尽管一天下来累得筋疲力尽，但是罗伯特看到每天领到的薪水，不但不觉得辛苦，而且还心满意足。

B公司派出一名员工汤姆斯负责村子西部的送水任务，汤姆斯在接到任务后并没有像罗伯特那样马上投入工作中，几个月的时间里，村民都没有见到这位送水工的身影。村子西部的居民只好纷纷到村子东部的蓄水池中挑水，这让罗伯特兴奋不已，这样每天他可以挑更多的水，挣更多的钱。

汤姆斯这段时间都在忙什么呢？原来他正忙着制订一份详细的商业计划书，打算修建快速、大容量、低成本并且卫生的送水系统。4个月后，公司老板让汤姆斯按照这份计划书带着施工队和一笔资金来到村庄，用了半年的时间修建了一条由河流通往村庄的送水管道。这半年时间，汤姆斯不但没能从村民手里赚得一分钱，而且还投资花掉了200万元的贷款，没钱娶妻生子，没时间享受生活。但是，管道修好之后，情况大大不同了，水渠每送出一桶水，他便可以赚到1分钱。这样每天不必辛辛苦苦地工作，坐在家里看电视就能赚到不少的钱。

第二年赚回成本、还清贷款后，汤姆斯还将每桶水的价钱降低了一半，村子东部越来越多的居民纷纷到村子西部的蓄水池中挑水，汤姆斯的生意越做越红火，而罗伯特赚的钱越来越少，没有办法，他也不得不将每桶水的价钱降低了一半，这意味着他要想获得与原来一样多的收入，每天就要送多一倍的水，他只能比以前起得更早，回家回得更晚，不仅不能挣到与原来一样多的钱，而且还累出了一身的病，看病吃药花掉了大笔的钱，最后，卖车卖房，四处借钱，勉强度日，夫妻也分道扬镳。

而汤姆斯不仅买房买车，娶妻生子，而且还有更大的精力和更多的时间把生意做大做强。他想到饱受干旱缺水之苦的村庄不只这一个，其他有类似问题的村庄一定也需要水。于是，他又制订了一份新的商业计划，打算将他的这套送水系统推广到更多的村庄，解决更多人的用水难题，每天送水几十万桶，每天为公司创造极为丰厚的利润，当然，汤姆斯自己也获得了越来越多的薪水。

而罗伯特在他的余生里仍拼命地工作，为了和汤姆斯竞争，他不得不加大劳动强度，最终还是陷入了“永久”的财务问题中。

穷忙族之所以又忙又穷，就是因为他们选择了故事中罗伯特的工作方式，整日忙着搬水桶，追逐一天几桶水的收入，根本没有想到像汤姆斯那样去修渠道，甚至嘲笑汤姆斯第一年投入那么多钱而一无所获。而从长远来看，汤姆斯才是真正的聪明，他不仅更好地解决了村子缺水的问题，而且还极大地节约了村民的生活开支，而且对于汤姆斯本人来说，节省了体力和时间，不用每天辛辛苦苦地投入工作，就可以享受“不劳而获”的收入。

从以上汤姆斯和罗伯特两人两种做法的对比中，我们可以看出一个人的头脑在很大程度上决定着一个人职场竞争的成败。缺乏头脑，选择用“水桶”这一简单直接的方式来工作，虽然你可以收到立竿见影的效果，但是你需要一直不停地劳作，一旦停滞下来，蓄水池没水了，你就拿不到薪水了。当你动脑学会转换自己的思路之后，你将感到工作是轻松的，高效率的，你的个人价值才会得到充分的展现，同时为企业创造更高的价值，受到老板的赏识和器重。

惠普（中国）前首席知识官高建华说：“惠普这样的跨国公司不提倡员工整天努力拼命地工作，而提倡员工聪明地工作，希望员工能在工作中开动脑筋，想出更好的办法去解决问题、完成工作，从而提高工作质量和效率。”

所以当你忙于工作不能得到加薪或晋升时，不妨停下来问问自己：我究竟是在修管道还是在运水？我是在拼命地工作还是在聪明地工作？任何时候，只知道拼命是不够的，一旦你的大脑偷了懒，你就可能会付出多出几倍的苦力，只有开动脑筋，学会聪明的工作才能摆脱忙而无效的状态。

把重要的事变成紧急的事

在工作中，我们常常会遇到各种各样的情况：

这个来电话，那个来请示、投诉；

比谁都忙，到处救火，工作越做越多；

计划赶不上变化，或计划从未兑现过；

对什么都不放心，每天忙于事务性工作；

工作抓不住重点，也没空去想何为重点；

总无法说“不”，因此总要打乱时间计划；

……

我们每个人每天都有很多事要做，完成一件事可以有不同的顺序，正如人们所说的条条大路通罗马，但是不同程度所耗费的时间和精力是截然不同的。

一般情况下，我们做事总是习惯“先做紧迫的事，再做不紧迫的事”——按事情的“缓急程度”决定行事的优先次序。

事情的紧急程度是任何人都不容忽视的，但是在考虑事情的“紧急程度”之前，应先衡量它的“重要程度”。几乎所有的成功者都是把最多的时间花在做最重要但并不紧急的事情上——所谓高生产力的事情上。然而一般人都是习惯做紧急但不重要的事。我们必须学会如何把重要的事情变得很紧急，这时你就会立刻开始做高生产力的事情了。

一个有远见的人会根据重要性和紧急性安排自己的时间，并且把制定目标和制订计划当作最紧急和重要的工作。只有把工作分出轻重缓急、条理分明，才能在有限的时间内，使自己的工作事半功倍。如果没有标记出轻重顺序，那么在碰到一些干扰因素时，往往会歧路亡羊，导致最重要的事情没有做，而且还忘记把它转到第二天的工作计划当中去。结果过了几天，事到临头才发现当时根本就没有完成。

我们对自己的日常工作大可分为四类：第一类，紧急而且重要；第二类，重要但不紧急；第三类，紧急但不重要；第四类，既不紧急又不重要。在理出这些类型后，我们可以根据工作的性质将它们对号入座，然后，我们就可以根据顺序来安排一天要做的工作。只要规划一下，就能更有效率、更好地完成工作。

人的天性倾向于去做那些紧急的事情而不是重要的事情。重要的事情往往不紧急，而紧急的事情常常又不重要。比如，响个不停的电话，下一小时的某个会议，给某个客户的回信等。陷入事务性的圈子，会把我们变得忙忙碌碌，

而这种情况在表面上也是可以理解的，但实际情况并非如此。每个人一天所做的事情，至少80%都是不重要的。

19世纪末和20世纪初意大利经济学家及社会学家帕累托提出了著名的帕累托法则，即在任何一组东西之中，最重要的通常只占其中的小部分。这项原则有时候又称作80/20法则。

80/20法则认为，团体中的重要项目是由团体中占小部分比例的因素所造就的。也就是说，重要的东西只占很小部分，即占20%。因此，只需要集中处理工作中较重要的，占20%的那部分，就可以解决其余的80%。

以企业管理来说，管理者没有必要事必躬亲，只要将重要的事情做好就可以了。不论是管理还是经营，多少都会受到时间、空间的限制，不可能将应做的事全部完成。因此，若不先从重要的事开始，结果会演变成什么正事也没做。打算全部完成的完美主义者，往往到最后什么也没做好。

能运用80/20法则的人，会尽可能地优先处理重要的事，不将所有事情一个个地完成处理。即使剩下的事到后来出了什么麻烦，也不会是什么天大的问题。重要的工作应该要先完成，对所有的人都有着非常积极的意义。

因此，当面临很多工作，而不知如何着手时，就应该记着80/20法则。你要先问自己哪些事项是真正重要的，就不会偏离首要工作而去做次要的工作。

不要东一下西一下

有一位商人子承父业，接管了父亲留下的珠宝店。刚开始，由于没有经营的经验，赔了不少钱。后来他觉得珠宝行业投资大，技术性太强，风险太大，于是他便把父亲留下的珠宝店给卖了。换了钱他决定改行投资做服装生意，并相信肯定能成功。

服装行业倒是周期短，而且不需要太大的专业学问，可是他却不能跟上时代的新潮，总是卖些旧款的服装，价钱又高、款式又旧，一来二去，便也无人来问津了。

这样，他持续了三年，又赔了不少钱。他开始意识到：服装市场更新太快了，自己总是跟随流行的尾巴。而对面饭店的生意很红火，开饭店又不用多少流动的资金。

因此，他又把服装店卖了，用剩余不多的资金开饭店。又花钱雇了几名厨师和几个服务员。饭店没开多久，本钱还没有捞回来，他又发现自己的一个朋友做化妆品生意发了大财。

于是，他又决定做化妆品生意，没有本钱，只好把饭店卖掉。就这样，他站在这山望着那山高，此后又尝试做了钟表生意、印染生意……哪一个也没有做长久，都无一例外地失败了。

每尝试一种生意，他的资金就会赔上一部分。最后当他60岁时，双鬓已经灰白，一生的宝贵年华在他不断地“东一下、西一下”中消磨殆尽。他清算了一下自己的家底，所有的钱仅够买一块离城很远的墓地。

彻底绝望的他心想，既然自己没有能力创造财富了，就买块墓地给自己留着，等到哪一天一命归西，也算有个归宿。于是，最后他用所有的钱为自己买了一块墓地。

这位商人的经历让人值得深思。一次次地选择，一次次地放弃，总是“东一下、西一下”又如何能成就事业呢？有很多时候，机遇就在财富的前方等待着，关键的是要耐心地等待和发现。

日常生活中我们也能看到类似这样的现象。有很多穷忙族在工作过程中便是总“这山望着那山高”，总惦记着跳槽，在单位里偶然遇到不顺心的事就想跳槽。有的穷忙族自从大学毕业后不到一年就换了好几个工作。据相关调查发现：穷忙族一年内没有跳槽的只有20%左右。

曾有这样一个刚毕业的大学生，他本来在一个超市做销售工作，不久就觉得超市工作时间长且薪水低，因此他辞去了超市的职位。不久他应聘到一个企业做市场销售人员，工作不到三个月，又觉得天天在外面奔波太辛苦，就又找了个办公室文员的差事。而坐办公室里没多久就发现同事关系不好处，他又想到了跳槽，可是这回却连自己也不知道该找什么样的工作好了。不断跳槽的结果是工作始终没法稳定下来，始终处于找工作的穷忙状态之中。

现实生活中，这样的例子举不胜举，在屡次经历失败的时候，很多人蜻蜓点水缺少耐心，看不到成功的希望，大多数人选择了放弃，这里一下，那里一下，最终一事无成。

虽然，适当的跳槽有利于增长见识、锻炼才干。但是，跳槽过于频繁，就会在不知不觉中养成一种习惯，工作中遇到困难就想跳槽；人际关系不好就想跳槽；看到好工作就想跳槽；有时甚至莫名其妙就想跳槽……似乎面临一切问题，只要跳槽就能解决。

但是，穷忙族的成员大多都是职场新人，本身的工作积累就不够，如果总是“东一下，西一下”这样对自己的整个职业发展是很不利的。而且，频繁地跳槽会遭到很多用人单位的反感，一家知名企业的人事经理在聘用新人时说：“有的人为了逃避压力去换工作，我招聘人的时候从简历上可以看得出来，有人一年换一个工作，或者几个月换一个工作。这样的人我是绝对不会聘用的，如果一个人碰到困难就选择辞职的话，那他一辈子都是一个失败者。”

不要受“拖延症”的摆布

准备资料时，却在网上分享视频；写报告时，却在更新微博；明明手上的事情还没做完，却一会儿泡杯咖啡，一会儿整理办公桌……反正就是提不起工作兴趣，本来该完成的正事是一拖再拖。

你是不是也有这些“症状”呢？很多人都纷纷表示，自己确实常常也会这样。这些都是“拖延症”的表现。

一个早晨，小宋在上班途中信誓旦旦地下定决心，一到办公室即着手草拟下年度的部门预算。他9点整走进办公室，但并没有立刻开始预算草拟工作，因为他突然想到应先将办公桌及办公室整理一下，以便在进行重要的工作之前为自己提供一个干净与舒适的环境。他总共花了30分钟的时间，使办公环境变得有条不紊。他虽然未能按原定计划在9点钟开始工作，但他丝毫不感到后悔，因为30分钟的清理工作不但使环境面貌焕然一新，而且也有利于以后工作

效率的提高。他面露得意神色，随手点了一支香烟，稍作休息。

此时，他无意中发现报纸上的彩图照片是自己喜欢的一位明星，于是情不自禁地拿起报纸来。等他把报纸放回报架，时间又过了10分钟。这时他略感不自在，因为他已自食其言。不过报纸毕竟是精神食粮，也是重要的沟通媒体，身为企业的部门主管怎能不看报，何况上午不看报，下午或晚上也一样要看。这样一想，心也就放宽了。这时他正准备埋头工作时，电话铃响了，那是一位顾客的投诉电话。他连解释带赔罪地花了20分钟的时间才使对方平息怒气。挂上电话，他去了洗手间。在回办公室途中，他闻到咖啡的香味，原来另一部门的同事正在享受“上午茶”，他们邀他加入。他心里想，刚费心思处理了投诉电话，一时也进入不了状态，而且预算的草拟是一件颇费心思的工作，若头脑不清醒，则难以完成，于是他应邀加入，便在那儿闲聊了一阵。

回到办公室后，他果然感到有了精神，满以为可以开始“正式工作”——拟定预算。可是，一看表，已经10点45分了！距离11点的部门例会只剩下15分钟。他想，反正在这么短的时间内也不太适合做庞大而耗神的工作，干脆把草拟预算的工作留到下午或明天算了。

小宋身上就有我们当中许多人的影子，养成这种拖延的恶习终将一事无成，拖延的代价实在是太大了。莎士比亚有句名言：“放弃时间的人，时间也会放弃他。”若是时间放弃了你，等待你的将是无限制的恶性循环，如果不及时醒悟，后果将不堪设想。

某网站一项对在线2250人进行的调查发现，72.8%的人坦言自己患上了“拖延症”。同时，72.0%的受访者坦言身边患上“拖延症”的人很多，甚至有93%的受访者表示曾经历“被拖延”的情况。

心理咨询师认为产生拖延行为的根本原因是恐惧情绪。当人们面临压力时，一些人会害怕自己没能力面对于是选择拖延。因为拖延会给人“掌控感”，即使失败，也可以有一个借口。

卡耐基说：“拖延会变成一个严重的问题，因为你会忽略或延误处理对你而言非常重要的事情。”拖延就是隐形的时间杀手，是最严重的浪费时间的行为，它会使我们深陷“事务性的圈子中”而不能自拔。

拖延会让人容易上瘾，它对一个人的危害不仅仅在所拖的事情上，更严重的是它会侵蚀一个人的意志。当你第一次开始拖延之后，虽然被紧迫的最后期限赶得很慌乱，但是到了下一次，你还是继续拖延下去。所以，一旦有了拖延的开始，就会开始拖延的习惯。虽然常常被拖延症整得很头痛，也下定决心要改掉它，但是往往又很难从行动上做到。

如何消除“拖延症”呢？首先，把繁杂的事务分成非常小的步骤。不要想着一步搞定，相反，我们要将它分解成很多小的步骤，今天做一些，明天再做一些。其次，给每个小步骤制定截止日期，把时间精确到以“小时”为单位。最后，中途给自己一点奖励。比如，按时完成一个小步骤，那就给自己一点时间放松，喝点咖啡，聊会儿天什么的。其实一旦你开始做事了，多半会发现自己会赖在上面不想停下来。

果断扔掉“鸡肋”工作

在穷忙族中，有很大一部分人是入错了行，在大学毕业两三年后才能开始认识到这一点，自己真的不喜欢这行，或者是很努力但是缺乏这方面的天赋，总是没有成果，一直在穷忙。那么，就要考虑及时转行。

有一位吴先生，毕业于北京大学经济系，曾在GE（通用）的某部门工作，按说这个工作不错，可是他仔细思考自己的职业前景后，感觉到自己更喜欢金融行业，可能在那个领域会发展得更好，于是就在一年后毅然辞职。他花了半年时间学习金融知识，结交金融圈里的人。现在，他已成为中信建设证券公司某部门的经理。

所以，对这部分穷忙族来说，准确给自己定位、及时转行就会获得成功，就可以避免一直在一个不喜欢的行业里穷忙。

穷忙不是上天赋予一个人的义务，更不是命中注定，而只是行为注定的结果。有些人甘愿守着一个有点保障的平凡职位，因为看到其他的工作竞争之激烈，工作之艰辛、压力之巨大，反倒觉得自己的工作虽然比较平凡但总算是安

稳的，也不会太劳累。但事实上，他应该去找一份更有挑战性的工作，这样才能继续发展与成长，才能摆脱穷忙。但是，就因为有无数的阻力，使他深信自己不适合做大事，于是便安心于一个适合养老的事业单位，或者站在一个微不足道的边缘化位置上，永远穷忙下去。

老范出生于20世纪60年代，成长于70年代，工作于80年代，他是赶上工作可以接班的最后一批人，于是他接了父亲的班，在当地的林业管理部门谋了个小差事做。在当时，林业管理部门是很红火很风光的单位，可是到了20世纪90年代以后，就渐渐开始走下坡路。随着国家政策的改变和市场经济的发展，老范所在的那个地区的林业局已经岌岌可危，随时都可能关门大吉，幸好还有国家政府的些许拨款还可以勉强维持。而老范呢，如今已经是快退休的年龄了，他还是始终如一地做着他的那份小差事，赚着他那有数的一点工资。

对老范来讲，安于现状就是最好，虽然赚钱少点，但是还算稳定。殊不知，与老范同时代的人，有很多舍弃了当初“日薄西山”的工作单位，走上“下海”之路，现如今大多都已经成了拥有自己企业的老板，过上了富闲的生活了。

对于初涉职场的人而言，最重要的一件事当然就是要重视自己的工作，把自己的工作做好。但是如果你的单位日渐衰退，在市场上失去了竞争力，一点发展前景都没有，你难道还要死守到底为它而穷忙吗？或者，即使你进入了一家正蒸蒸日上的企业，可是你所占据的职位却是微不足道，甚至好几年里你都没有得到升迁。尽管你有天大的本事，却仍旧英雄无用武之地，那么你还要坚持为它效力吗？

夏雪是一家大公司的普通职员。她出生于北京的一个公务员家庭，是独生子女，从小在家就受到家人的百般宠爱。毕业后找工作也算顺利，实习之后还没毕业，就和现在工作的这家公司签了合同。可是，毕业走上工作岗位之后，她却发现自己在单位的位置是那么无足轻重，每次开会，她根本没有什么发言权；在日常工作中，也是经常不顺心，尽管自己上学时学的是设计专业，现在所从事的工作也是设计方面的工作，然而，她拿出的设计作品，却得不到主管的重视，经常被主管随手放在一边；这还不算，她还常常发现身边的同事总是

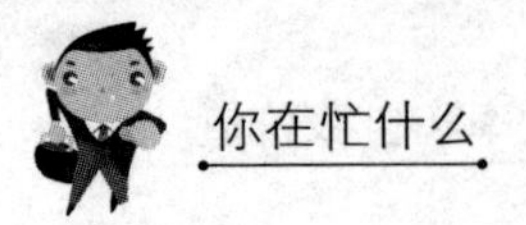

对她所干的活指指点点，说三道四。这些让她十分懊恼，从此对工作失去了新鲜感。没过多久，她主动交了辞职信，开始在职场寻找新的工作。

夏雪没有死守那个边缘化的位置，没有继续在那家公司“穷忙”下去。现代职场始终是一个充满变数和机会的市场，若是一味死守，越忙就越没有精力关注周围，越忙也就越失去了机遇和斗志。

曾经一度领衔世界富豪排行榜第一位的美国富翁比尔·盖茨说：“我们的产品三年内一定会被淘汰，但关键不在这儿，最重要的是被我们自己淘汰还是被别人淘汰。”人的思想也是一样，如果自己不改变自己，早晚就会被别人淘汰。

[第五堂课]

让你的时间增值：管理你的时间和工作

有些人每天被工作压得喘不过气来，常常加班依然觉得每天时间还不够用。然而，有些人每天都能准时下班，在节假日也能够放下工作尽情休闲娱乐，但他们的工作业绩却依然出类拔萃。两者的差别，究竟在哪里？

工作要讲求优先顺序

对于穷忙族来说，最稀缺的资源恐怕就是时间了，每天的时间怎么算都是24小时，除去吃饭、睡觉、休息时间，怎么算也只剩十个小时左右了。总觉得每天工作8小时是远远不够的，每天手忙脚乱、加班加点，结果效率却越来越低，自己也越来越疲惫。

其实，你真正缺少的并不是时间，而是没有掌握工作的要领。能否掌握工作的要领，其结果会大大不同。有位业内专家将员工分为以下三种主要类型：

一是具有敬业精神并能找到方法的员工。他们拥有智慧并乐于献智慧，这份智慧必然会给企业创造财富，这样的员工才是最有价值的员工。

二是敬业但缺乏方法的员工。他们能够也只能奉献汗水，这样的员工虽然能在一定程度上满足企业的需要，但是他们自身不会有太大的发展。

三是既不找方法又不敬业的员工，他们既不愿意奉献汗水，又缺乏智慧，他们的最终结局只能是被解雇。

对于前两类员工来说，面对同样的工作，第一类员工能够轻松地搞定，而第二类员工虽然会有为难情绪，但也会认真去做，但是效率上却不如第一类员工。以下案例中的大A和小B的做事风格就是这两类员工的反应。

大A和小B任职于某销售公司，两个人的工作岗位相同，每天要处理的工作也相差不多，但是大A的办事效率明显要高于小B。我们可以通过分析他们某一天的工作过程，来寻找出两人效率上产生差异的原因。

有一天，两个人都要完成以下几项任务：

1. 给分公司打电话，并解答他们的咨询；

2. 拟定下个月的工作进度表；

3. 去银行结算一笔账款；

4. 去一趟诊所，拿感冒药；

5. 与公司的一个重要客户见面；

6. 11：00去飞机场接一个老同学，并为他安排酒店；

7. 下班后，为女儿去拍生日照片。

我们先来看看小B是如何安排这些事情的：

一早起来，小B拖着疲惫的身躯匆匆忙忙地赶到公司，原来昨天看韩剧看到12点，早上起不来了，迟到了7分钟。坐到座位上，似乎睡意未尽，在桌子上趴了一会才打开电脑，给客户回复电子邮件。然后，给分公司打电话，并解答他们的咨询，仅这两项工作就忙到了10:00。写了工作进度，就到了11:00，起身到飞机场接老同学。看到老同学的航班还没到，电子屏上显示着飞机晚点了，推迟半小时才会到。12点整接到老同学，因为下午还要见重要客户，就简单地吃了点午饭，然后把老同学送到预订的酒店。把老同学安顿好之后，2:30，赶到约定地点与客户见面，由于患有感冒，在与客户交谈过程中不断打喷嚏，甚是尴尬。一小时后回到办公室，接着写工作进度，写到一半，突然想起需要去银行结款，赶到银行办理手续时才发现忘了带一份重要的证件，急忙回公司取，然后又返回银行，不得不重新取号等待。等结完账，回到公司已是4:30，没心情写工作进度了，就整理已经拖了好几天堆放在桌上的文件。半个小时过去了，就到下班时间了。6:00赶到家里，带女儿

去拍生日照片，但是她满脸的倦意，不断打哈欠。回到家吃过饭，已经是半夜了，但是她不得不打开电脑，接着写那份明天就得提交的工作进度表，一忙忙到深夜。

看了小B忙得很，好像工作量很大，真的如此吗？我们再来瞧瞧大A是怎么安排这些事情的：

大A在昨天下班后就把今天需要做的几项任务大体上统筹了一下。今天一早就来到公司，先给各分公司打电话，让他们把想咨询的问题发到她的电子邮箱中，下午会一一解答。然后联系老同学，确定飞机到的时间。再与客户联系商定见面时间为2:30，地点为老同学安排的那家酒店门口。最后打电话咨询银行，准备好所需要的证件材料。

把一切事项的时间安排好之后，停下一切工作，集中时间制订工作进度表，11:00写完，交给上司。然后带齐到银行结账所需的一切证件，起身去机场接老同学。利用飞机晚点的空隙，先到诊所拿了些感冒药，然后到机场接老同学，一起前往预约的酒店，共进午餐。把老同学安顿好之后，2:30约见客户，洽谈合作事宜。3:30，去银行顺利地结完了账款。回到办公室后，一一回复分公司提出的相关咨询，把要做的事项做完以后，还顺便列了一下明天工作的安排表。6:00赶到家里，带女儿去拍生日照片，留下美好的回忆。一天就这样轻松地过去了。

通过大A和小B两人处理工作的不同方式，我们可以得知：认真计划每一天的事，可以合理安排出事情的先后顺序，或者合理穿插起来，这对于提高工作效率、提升业绩有着很大的帮助。制订这样的计划是再简单不过的事情，你所需要的只是一张纸和一支笔而已。这虽然会花费你一定的时间，但是制订计划时花费的每一分钟时间，都能使你在行动过程中节约10分钟的时间。计划每天的工作只需要花费你10分钟左右的时间，但这点时间能够为你第二天的工作节约半天的时间。如果做事没有很好的计划，就会导致付出的汗水并不比别人少，一天下来忙得要死，也没有出多少活。

先做正确的事，然后正确地做事

有这样一个笑话：有几个伐木工人接到一个任务，去清除一片矮灌木。当他们走进这片灌木林时，便立即开始清除。当他们费尽千辛万苦好不容易清除完这一片灌木林，准备享受一下完成了一项艰苦工作后的乐趣时，却猛然发现，他们需要清除的不是这片，而是旁边那片灌木丛。想想我们有多少人在工作中如同这些砍伐矮灌木的工人一样，只会埋头砍伐低矮灌木，到最后才发现需要砍的并不是这片。

现代管理大师彼得·德鲁克曾说过："管理是一种实践，其本质不在于'知'，而在于'行'；其验证不在于逻辑，而在于成果；不但要正确地做事，更要做正确的事。"著名企业家马云在《赢在中国》中也曾这样告诫过我们："首先要做正确的事，然后才是正确地做事。如果做了错误的事情，越是正确地去做，那么死亡得越快。"我们在做事之前，得先明白做事的步骤，只有这样我们才能把事情做好。首先做正确的事，其次是正确地做事，最后才是把事做正确。只有经过了这三步的"浪里淘沙"后，我们才会成为沙砾中闪耀的金子。

某知名公司招聘一名维修部主管，在经过几轮筛选淘汰考核之后，应聘人数从几千人角逐到最后的两人，他们分别是小王和小赵。

最后一轮考核，总经理亲自出场，给了他们每人一部残旧不堪的坏机器，然后叫他们修理。

小王把机器拆开，仔细地检查内部的每个零件，不一会儿，他皱起了眉头。总经理看了笑着问："可以修好吗？"小王犹豫了片刻，自信地说："只要功夫深，铁棒也能磨成针，我一定会把它修好的。"

总经理又看了看小赵这边，他也是先把机器拆了个"粉碎"，仔细地检查过后，皱起了眉头。总经理又问："可以修好吗？"小赵无奈地笑了笑，说道："很抱歉，这机器实在是修不好。"

最后结果让大家都大吃一惊，小赵被选中了。小王不解地望着总经理，想寻找答案。总经理笑了笑："原因很简单，因为这两部机器是无法修好的，无

论你下的工夫多深也是修不好的。”

当我们做事的时候，如果我们不能确定是否是正确的事就开始做，即使我们用正确的方式去做，结果也会越来越偏离我们要达到的目的。“先做正确的事，再去正确地做事”是每一个人能够胜任工作的最基本要求，无论高层、中基层管理者，还是普通员工。

无奈的是，在现实中这样的情境或许总在某个部门上演：员工们正机械地奔跑在各自的航道上，忙碌着企业既定的任务，等待着监督和检查。但目标是否正确，如何才能最快地抵达终点，他们却并不清楚。

这样的法则也许正在很多公司的员工中得到印证：10%的人在做正确的事并且能够正确地做事；55%的人在做正确的事但并没有做到正确地做事；25%的人在正确地做事但并没有实现做正确的事；10%的人既没有做正确的事也没有正确地做事。他们在为别人制造工作麻烦，进行的是负效劳动，用正确的方法做正确的事，才是我们要达到的目标。用错误的方法做正确的事，事倍功半；用正确的方法做错误的事，是在做无用功；用错误的方法做错误的事，是无可救药了。

做正确的事就好比射击前的瞄准，正确地做事就是瞄准后再射击。没有瞄准的射击是没有意义的。

管理大师彼得·德鲁克曾在《有效的主管》一书中指出：“效率是指‘以正确的方式做事’，而效能强调的则是‘做正确的事’。效率和效能二者都不可偏废，但这也并不意味着它们具有同样的重要性。我们当然希望同时提高效率和效能，但在效率与效能无法兼得时，我们首先应立足于效能，然后去设法提高效率。”

在这里，彼得·德鲁克提出了两个概念：效率和效能，分别对应的是正确地做事和做正确的事。在现实生活中，人们关注的重点往往都在于前者：效率和正确做事。但实际上，最重要的却是效能而非效率，也就是做正确的事而非正确做事。正如彼得·德鲁克所说：“对企业而言，不可缺少的是效能，而非效率。”

“正确地做事”与“做正确的事”有着本质的区别。“正确地做事”应该是以“做正确的事”为前提的，如果做不到这一点，那么“正确地做事”将变得毫无意义，你即使将事情做得再正确，也是没有任何实际效能的，显然也难以说是胜任的。所以，首先，要保证去做正确的事，然后才存在“正确地做事”的问题。

试想，在一个生产型企业，员工在生产车间里按照质量标准的要求生产产品，如果产品质量、操作行为都达到了规定的标准，说明员工是在正确地做事。但是如果这个产品在设计上本身就存在很大缺陷，根本无法投放市场，或者它根本就没有买主，没有用户，那么，这就不是在做正确的事。在这种情况下，无论员工做事的方式方法多么正确，其结果都等于零。

排除影响工作的干扰

在生活或工作中，我们都可能遇到这样的事情：当我们正专注于某件事情时，突如其来的电话、不速之客的到访、周围邻居的吵闹，都会给我们带来不同程度的干扰，从而影响我们正常的生活或工作。面对这样的干扰，忍耐绝对不是良策，我们应该做的是寻找各种应付的策略，从根本上排除它们的干扰。只有这样，我们才能静下心来，拥有一个真正属于自己的自由空间。

策略一：勇敢地说“不”

有的人在拒绝别人的时候，往往找一些委婉不明确的词语，结果把事情弄得更糟，有时不仅影响到自己的计划，还会改变别人对他的印象。

我们要做时间的主人，就要做到对自己的时间自由支配，不要被他人的干扰所支配。古希腊数学家毕达哥拉斯曾说：“‘是’和‘不’这两个最简单、最熟悉的字，是最需要慎重考虑的字。”我们要成为时间的主人，除了掌握各种时间的支配方法之外，还要善于说“不”，巧妙地拒绝别人的干扰。

那么，我们该在什么情况下说“不”呢？说“不”的指导原则是什么呢？答案是：要确立目标，划定自己活动的范围，制订所做的事情是否值得你花费

时间的某种标准。如果某项工作不在自己的活动范围内，不值得花费时间去做它，就坚决说“不”字，丢掉它不管。

策略二：用协商的方式应对别人的请求

有时候，别人的请求，我们很难用“不”字来加以拒绝，特别是上司、配偶、孩子、长辈的要求。那么，遇到这类情况时，要如何处理呢？

对于这类情况，最好是不要直接拒绝，但是，要巧妙地运用各种方法与他们协商，这样，你在时间的安排上才能够拥有主动权。

譬如，上级主管要你交一份工作报告，而你并未将此事列入工作表中，因为还有更重要的事情要做。这时，你不妨先做一份简单的工作报告交给上级主管，这样他也不至于对你太苛刻要求。而且这件事对你来说，只要花少量的时间就可以完成。又如，配偶要求你陪她逛商场买衣服，你不妨建议她让她的闺蜜陪她去，这样配偶应该也不会有太多理由再埋怨你了。

策略三：运用智慧，排除电话干扰

生活中或工作中，接到一个突如其来的电话是常事，这至少也要浪费两三分钟。那么，我们怎样才能提高彼此在通话时的理解度，找到准确的措辞适时地结束通话呢？

1. 只要有可能，就告诉他人何时给你打电话更方便，比如“为什么不在两三点之间再给我打呢？”“请过10分钟再打来，我现在很忙”。

2. 将某一特殊活动或话题的电话委派给特定人员，他们将在今后负责处理此事。

3. 注意闲谈所浪费的时间，在闲谈失去控制前就结束（太多了，会浪费很多时间；若完全没有，世界又变得乏味无比）。

4. 设置一个时限，例如“好的，现在就告诉我吧，但不要超过10分钟，因为我马上要去会见个客人”。人们宁愿事先被限定也不愿中途被打断。

5. 表明要终止谈话了，可以用“最后”、“在我挂掉之前”这类的话来向打电话的人表明你想快速结束谈话的想法。

策略四：找对方法，避免孩子干扰

孩子在幼儿期，他们需要成年人的关怀、照顾，这是很容易理解的。但是，整天不眠不休地照顾小孩，有时难免想拥有一段属于自己的时间来放松一下自己。

安妮在女儿4岁的时候，几乎无法给自己安排一个清静的时间。每次安妮准备看书，不到两分钟，女儿便爬到腿上来撒娇，以至于她不得不中断看书。这样，她一整天的时间，几乎都耗费在女儿身上。刚开始安妮还想，等孩子明年上幼儿园，那时就可以拥有自己的时间了。后来，还没等女儿上学，安妮就想出了办法。

那就是每天10点到2点半，安妮告诉女儿，这段时间她不能陪她玩。然后，安妮把自己关在房里，上了锁，调好闹钟，并对女儿说，闹钟响了之后，才会出来。刚开始几天，女儿都在门外大喊大哭，安妮还是无法专心看书；另一方面又暗自担心，这样是否会对孩子的成长不利。

但是，安妮还是狠下心坚持下来了。

一个星期后，女儿已经开始习惯这种情况，每当这段时间到来时，便一个人安静地在房间外玩耍。就这样，安妮终于有了属于自己的读书时间。

策略五：灵活掌握待客之道

不速之客的干扰主要有顺道来访的亲友、停下来聊天的同事以及随时要你付出全力接待的客户等。怎样对付这些人的干扰？懂得待客之道的人在得知来者是谁之后，就已经决定预备出多少时间。

老罗斯福就是一个典范。当一个分别很久只求见上一面的客人来拜访他时，老罗斯福总是在热情地握手寒暄之后，便很遗憾地说他还有许多别的客人要见。这样一来，他的客人就会很简洁地道明来意，告辞而去。

当你认为谈话已经结束，而来访者还没有告辞之意时，你可以利用下列几种方法暗示你的客人，以促使会面结束。

1. 提出事情的结论；

2. 眼睛盯着挂钟或手表；

3. 起身做出要离开的样子；

4. 表现出一点“赶”的样子，暗示自己很忙或把来访者带到门口；

5. 请别人帮忙，暗示尚有需要会面的人正在等着自己；

6. 在事前或时间快到时，先告诉对方自己还有事情要办，时间十分有限。

策略六：适时预定会面时间

罗杰是一家广告公司的部门主管。平时工作时总会有一些来访者干扰，因而倍感厌烦。

刚开始，他干脆完全闭门不见客，连电话也不去接。结果，不但部属意见无法上达，还引起众多客户的不满。

罗杰闭门不见的“试验”失败之后，他一改过去的观念，变成凡事都亲自接见，有些本来下属就可以完成的工作他也要亲自到场。结果，一些无关紧要的事情处理完了，自己的重要工作却迟迟未完成。

在参加时间管理的讲座后，罗杰开始采用预定会面时间的方法。

罗杰的会面时间是上午8点至8点半，下午2点至2点半。

采用这种做法后，罗杰不仅不用担心来访者的干扰，工作也更加顺心了。

彻底排除来自他人的干扰，一般来说是不可能的。但是，只要找到恰当的方法，适当地安排好自己的时间，和所接触的人达成“共识”。那么，你拥有的自由时间也就多了起来。

找到你工作效率最高的时间点

微软亚洲研究院院长兼首席科学家张亚勤在接受访问时说，他个人保持头脑清醒、提高创造能力的方法是不管多繁忙，都坚持将每天下午1点半到4点半这3个小时的“脑筋自由时间”，用于思考、阅读及写作，他的秘书从不在这时候帮他接进任何电话。

台湾经营之父王永庆，每天晚上9点半睡觉，午夜12点半起床，一直到清晨6点再回去补觉。每天深夜到清晨这段时间，完全用于决策、阅读与思考。

上面两个例子说明，许多成功的人物都有一种特殊的时间安排计划，我们称之为“最佳工作时间点”。事实上，每个人在一天当中，都有一段特定的时间，是精神状态最佳的时段，大部分成功的人都会找出每天精神状态最

好的时段，将这段时间预先计划保留下来，用于从事最重要、最具挑战性的工作。

所以，从时间管理的观点来看，在最有精力的时段做最重要的事，是提高时间利用效率的秘诀之一。

众所周知，最理想的做事策略，是在精力最佳时间做最重要的事情。

那么，究竟什么时间是我们的最佳时间呢？这在很大程度上取决于我们个人的用脑特点和习惯。医学家和生理学家对很多人进行了大量的观察和研究，根据其生理活动周期性变化的特点和规律，把人们分为“百灵鸟型”、“猫头鹰型”和“混合型”。

“百灵鸟型”的人黎明即起，情绪高涨，思维活跃，这些人喜欢在早晨5点到8点进行最复杂的创造性劳动，如作家姚雪垠、数学家陈景润习惯在凌晨3点投入工作，俄国文豪托尔斯泰、英国小说家司各特也习惯于早晨写作。

“猫头鹰型”的人则恰恰相反，他们则是每到夜晚脑细胞便进入兴奋状态，精神饱满，毫无倦意，这些人很乐意在晚上工作，尤其是晚上8点至深夜，他们认为这是“奇思常伴夜色来”的最佳用脑时间。

第三种是“混合型”。这类人全天用脑效率差不多，但相对而言在上午8～10点和下午3～5点效率较高。就整个人群来说，混合型人是绝大多数，约占90%。

如果我们把效率高峰点的概念引进我们的生活，充分利用最佳时间做最重要的事，将会收到事半功倍的效果。

在时间的利用上，我们将最佳时间划分为“内在的最佳时间”和“外在的最佳时间”。所谓“内在的最佳时间”是指一天自然的活动时间，例如早晨、中午、晚上等；而“外在的最佳时间”则是指与社会、工作相适应的时间，这些都与个人的职务、社会活动、家庭生活等有直接的关系。

“内在的最佳时间”一般以两小时为一个阶段。因此，工作中应该善用这两个小时来发挥自己的潜能。如果最佳时间安排不当，往往会造成工作上的不愉快。

邓女士每天在孩子上学、丈夫上班后，便感到精力充沛。于是，她很快地

整理家务。但是，当整理完家务后，想再做自己想做的事时，就感到身心疲乏起来。这就是她对“内在的最佳时间”的运用不当所致。

很显然，邓女士是属于“混合型”的人。所以，当她感到精力充沛时，应该先完成自己想做的工作，等到疲倦时，再来进行零碎的家务整理，这样在工作时间安排上比较适当。

相对于“内在的最佳时间”，“外在的最佳时间”的安排似乎更重要且困难得多。但是，只要在事情的处理上，能够掌握得好，其实还是很容易的。因为所开发出来的是外在时间的源泉，事情一有转变，就会影响往后一大段时间的安排，不必像安排“内在的最佳时间”一样，每天都得注意。

例如，对一个推销员来说，他的“外在的最佳时间”是上午8点到下午5点之间。这段时间是人们活动最频繁的时间，也是推销最为有效的时间。如果能适当地加以善用，他的推销业务一定是理想的。

对“外在的最佳时间”的运用安排，必须同时考虑其他人时间运用的合适度，两方面才能相辅相成。譬如，推销员在“外在的最佳时间”推销时，就应避开别人的休息时间，以免打扰别人。从对方的角度来看，对方也是利用他“外在的最佳时间”和你一起进行工作。

一位公司的员工发现他的上司平常很少外出。所以，该员工除了在工作时间内会进入上司的办公室外，其余时间绝不去打扰他。后来两人的关系越来越融洽，而且非常有默契。

与自然界运动具有周期性一样，人的思维、情绪和各器官运转都有严格的时间节拍，人们形象地称之为“生物钟”。它控制着人们的生理活动和精神活动，在日常生活中，人体中大约有40多种生理过程都受生物钟的支配，即使长期卧床或者在小黑屋中与世隔绝几个月，生理活动仍照常进行，而且与正常生活的人并没有什么明显差异。

如果根据你的“生物钟”确定好你的最佳时间，然后安排工作，而不是跟它作对，那么，你就能够干得更多，并以较少的时间、较轻的体力耗费和较小的工作强度取得最大的效率，而且也不会那么快就感到累，精神集中力会更持久、更高，这样，失误率也将降低。

在美国曾经流传过这么一个笑话：说是第二次世界大战，如果罗斯福和丘吉尔二人的节奏一致的话，日本人可能败得更早。为什么呢？

因为罗斯福便是典型的“百灵鸟型”。“二战”时，他一想到有关攻击日本的好构想时，马上用国际电话把尚在伦敦甜睡中的丘吉尔叫醒，但刚睡着就给叫醒的这位英国首相，还在睡眼蒙胧中，无法发挥犀利的头脑；反之，在夜深人静才能发挥高度智慧的“猫头鹰型”的丘吉尔，一有了好的构想，也常常突然把罗斯福从温暖的睡床上叫起来……如果这种“百灵鸟型”和“猫头鹰型”能趋于一致的话，这两位巨头的工作效率不知要提高多少倍。

难怪有人说，若真是如此日本的投降可能最少会提早半年！此事是否属实，尚待考证。但如果能根据同僚和部属们的最佳时间来安排工作，的确能够达到事半功倍的效果。

找出隐藏的零碎时间

梁实秋说：“零碎时间最为宝贵。”爱因斯坦说：“人与人之间的区别就在于业余的时间。”零碎时间如此重要，那么我们该如何利用我们的零碎时间呢？

1. 拒绝别人的打扰

如果有某个人走进了你的办公室且不在日程安排之内，他想和你谈谈与他自己有关的某些事，那么就应该毫不客气地立刻拒绝。更不要以茶点或咖啡款待未经约定的访客，你要学会根据访客对你工作的重要程度加以分类、判断，然后考虑要不要让访客在你的办公室里坐下喝点儿什么或吃点儿什么。

2. 从办公桌上找出隐藏的时间

你可以在许多不同的地方进行重要的思考、企划、组织以及时间安排等工作，可是，你一天中的例行工作，很可能是必须集中在办公室的一张办公桌或工作场所的某个定点完成的。如果能把办公桌布置成一个具有相当效率的个人工作站，并使它高度配合你的需要，那么，你的时间可能就会因此节

省很多。

考虑的项目可以包括抽屉的数量是否足够，以尽量减少桌面的凌乱；备有特殊指南的个人档案夹；一只可以随时移动的废纸箱以节省地面空间。

3. 善用等待的时间

善用等待的时间，就如同你去看医生或是排队买东西时最好随身带一本书，这样你就不必在那里无所事事地乱翻他们的杂志或一些无聊无益的东西。

不管在什么地方，每次拿破仑·希尔必须排队等候时，他总会尽量带些东西去看。他非常注重利用等待的时间，即使在开车时也带着技术报告和商业杂志，以便可在等红灯或塞车时看几行字。一位叫安妮·索恩的总裁助理也是如此，她在车里放了一把拆信刀，每次开车时都带着一叠信件，利用等红灯时看信。安妮说，反正15%都是垃圾信件，而且在她到达办公室前，信件已经遴选完毕，所以一到办公室她就把垃圾信件全都丢掉。高效的玛尔扎特通常在他的电话机旁边放一叠待阅读资料，这样每次在等对方接电话时他就可以随便翻阅。一位必须在机场花很多时间的业务员说："每次在下飞机去领行李的路上，我就停下来给我的客户打电话，等我结束通话时，行李也已经出来了。只要你用心，任何时间都不会被浪费掉。"

4. 重新安排空间与设备

如果工作场所的结构不符合每日的工作路线，那么多走路就会浪费时间与精力，因此需要重新安排重要的设备、储存室、办公桌和电话的位置以节省大量的时间。你也许需要专做办公室和工作场所设计的顾问提供专业建议，借助专家帮你研究工作路线，重新安排空间与设备，协助你把隐藏的时间找出来，提高工作效率。

5. 会议前先问自己几个为什么

各种各样的会议，无论是正式的还是非正式的，都有可能浪费你的时间，因此，要养成在会议召开之前问自己一些问题的习惯，主要有以下几个问题：

如果不召开这次会议会怎么样？

为什么要召开这次会议？

这次会议的结果将是什么样的？

这次会议需要多长时间？

有必要参加这次会议吗？

怎样安排好这次会议？

什么时候召开这次会议最合适？

如果你不能满意地回答这些问题，就不要召开或参加这个会议。

6. 缩短处理不必要信息的时间

生活中很多过剩信息使我们很难把精力集中在最重要的工作上。为了提高工作效率，必须制定可以帮助我们缩短处理不必要信息的时间的策略。而处理不必要信息的关键之一，就是按重要程度阅读材料。

7. 节省途中时间

这么多时间耗费在毫无意义的上下班往返路途上，不如想想其他的方法。如果你有能力出得起钱的话，为什么不把家搬到一个离公司近的地方呢？或者你也可以在离家不远的地方找一个工作。当然，也可以利用现代化的工具进行工作，如笔记本电脑、智能手机或iPad等。

8. 充分利用睡前时间

如果你觉得自己缺乏思考问题的空闲时间，不妨试着坚持每天睡前挤出十几分钟的时间，一旦形成了习惯，就很容易长期坚持。

涓涓细流可以汇成浩瀚大海，点滴时间累积起来也是可以成就大业的。“点滴”的时间看起来很不显眼，但这些零零碎碎的时间积累起来却大有用处。如果你想成就一番事业，一定要学会利用零碎时间。

高效能的成功人士往往善于挖掘自己隐藏的时间，并坚持不懈地加以利用从而帮助自己提高工作效率。

不知你注意到没有，你每天至少有2个小时的时间被白白地浪费掉，这就是你没有发现的时间，而这部分时间就属于隐藏的时间。这些隐藏的时间看来不起眼，可是你不妨算一算，一天浪费2小时，一个月就是60个小时，一年就是700多个小时，10年呢？ 30年呢？积累起来就是一个庞大的时间群体。

如果你善于利用这个庞大的时间群体，并坚持不懈，完全有机会完成一番大事业。

怎样运用时间才有价值

只能做出一种选择，要牛奶就不能要咖啡，要咖啡就不能要牛奶，你会怎么办？你是否会像《拉封丹寓言》中的那头愚蠢的毛驴一样，面对两捆干草犹犹豫豫不知该吃哪一捆才好？而聪明的人则会选择加牛奶的咖啡！

同样的道理，如果让你选择过有钱人的忙碌生活，或是过穷人的自由生活，你可能摇摇头说："这两种生活哪种都不想要，我想要既有钱又有闲的生活！"你可能心里又立刻否定自己：不辛勤工作，哪儿来的钱？要有钱就要忙碌，要偷懒就不会有钱，这似乎成了人们一成不变的共识，正是这种固有的思想观念才使得人们总是无法从忙碌中收获快乐。

上班工作，就有钱养活自己和家人，但你无法从容和悠闲，没有足够的时间去体验生活中更丰富的东西，挥洒出更广阔的天地。放下工作，你就有充分的时间去休闲了，可是闲着的你却没有足够的金钱去做自己喜欢的事情。

不知道多少城市中的人有这样的悲哀。人生仿佛就是这样日复一日年复一年地在挣扎中度过。

"没时间！没时间！真的没时间！"成为了忙于赚钱的人们的口头禅。

"我太忙！我太茫！我太盲！真的很忙！"成为了忙于工作而迷失方向的人们的习惯语。神经紧绷的繁忙人士一不小心得了时间缺乏症：开快车，数钞票，表情紧张，烦躁不安；坐不稳，聊不长，手机放不下……时间还是悄无声息地从人们忙碌的双手边溜走。

为什么人们总是有钱无闲，或有闲无钱，甚至一场忙碌一场空？即便那些同时拥有闲暇和财富的极少数佼佼者也难享受富有成就的人生？

我们希望能早些过上有钱有闲的退休生活，于是，"我希望在××岁退休"、"等我有了××万元的积蓄，我就退休了"……如此这般的想法想必在

不少人脑海中闪现，那么，一个人需要拥有多少积蓄之后才可以无忧无虑地享受退休生活呢？多少年前有人大概计算了一下，需要有397. 2万元！其中包括50万元的购买普通住房费、30万元的子女教育费、100万元的买车养车费、43.2万元的老人赡养费、108万元的家庭日常开支，加上36万元的退休养老费和30万元的休闲费。如此高的退休所需费用，对于普通的工薪族来说，就是不吃不喝工作一辈子也积攒不够，过有钱有闲的退休生活几乎是白日做梦，除非意外获得一笔财产馈赠或者中得500万元的彩票头奖。

时间和金钱难道真的是不共戴天的一对冤家吗？国际著名的营销大师、生意建造者导师，美国佛罗里达大学教授比尔·奎恩在其著作《建立你的时间资产》一书中，为现代的穷忙人士找到了解决时间与金钱的矛盾问题的钥匙。在奎恩博士看来，有钱有闲的生活并不是什么天方夜谭，这只是一个思维的改变，这只是一个决定和选择。

奎恩博士针对现实生活中的穷忙族这样说道："在时间和金钱的问题上，大多数人无从下手。他们知道，要挣钱就得去工作，就得拿时间来换，但这只会让他们得到金钱而不是时间。多数人也知道怎么去赢得更多的时间，那就是减少工作量，但这只能让他们得到时间而不是金钱。"这是因为人们选错了生活的方向，在玩一场错误的游戏！人们把自己的时间，在"工作高速路"上疲于奔命。

这与经济学中的商品交换是一样的道理。一个人不可能同时拥有货币和商品，要想获得商品，就必须出让货币；要想获得货币，就必须出让商品。在此游戏中，时间成为换取金钱的商品，工作八小时，换取一天的工资，要想多拿一天的工资，就要多工作一天，这就是穷忙族平常玩的加法游戏。

许多人刚结婚时家庭负担较轻，只要男的一个人工作就可以了，妻子可以在家闲着。随着孩子的出生、家庭负担的加重，夫妻双方都要工作，只好把孩子托付给老人带看，以便有更多的时间可以出售、交换，不仅如此，随着人才市场的供过于求，为了维持原有的收入，不得不增加每天的工作长度，加班加点，电子邮件、即时消息、iPad等现代化的设备随身携带，投入的时间越来越多，然而工资还是那些工资，这相当于你的时间越来越贬值，玩这种游戏的穷

忙族还不切实际地想着通过加倍的付出，意图获取更多的自由，但最后换来的却只有不尽的失望。

这些穷忙的人们并不知道实现富闲人生的关键不在于增加工作的时间投入，而在于增加你的时间价值。这就像是在市场上，你卖的是大白菜，5毛一斤，一斤挣一毛钱，要想挣更多的钱，就要卖更多的大白菜。假如你改卖蒜苗，就能卖到5块一斤，同样的分量可以挣更多的钱。从穷忙到富闲的过程就是从卖“大白菜”到改卖“蒜苗”的过程。这就是杠杆原理的运用。懂得了这一杠杆原理，你就可以巧用力，实现个人收入的最大化，而不是靠一味地增加时间来换取更多的金钱，从而把自己从时间中解放出来。

给自己设定最后期限

如果对一个工作没有设定期限，我们就会任凭它膨胀到无法再拖延为止。

被拖延的时间太多反而使人更懒散，完成效率更低，可能还会大幅度降低效益。要想有效地避开“穷忙”的陷阱，必须为自己的工作设定预定期限、最后完成的期限。

给自己设定出最后期限，可以激励自己速战速决地在期限内完成工作。因为我们知道，事情是必须要做的，但总是迟迟没有行动，有时候可能是因为要做的事太多，而自己觉得无从下手；有时是因为时间不够把工作做好，便不敢开始。但是大多数的人都会在非做不可的时候才开始计划，或者要到被压得喘不过气来才被逼得开始。

行为经济学家丹·艾瑞里和克劳斯·韦坦布洛克针对麻省理工学院的三组学生，进行了一项有关设定最后期限问题的实验：每一组学生都必须在12周内完成三项任务。第一组学生完成每项任务的最后期限分别为第4周、第8周和第12周。第二组学生没有被指定每项任务完成的最后期限——只是三项任务都必须在课程结束时完成。第三组学生被要求自行设定最后期限。

设定了最后期限的学生——第一组学生，以及自行设定最后期限的第三组学生，往往得分最高。没有自行设定最后期限或未被指定最后期限的学生，则表现很糟糕。

我们必须吸取这个教训，确保眼前总有一个具有约束力的最后期限。把大型任务分割为若干较小的任务，并分别为它们设定最后期限，同时你必须赋予它实际行动，比如信守你向同事或客户许下的诺言或者写出一张进度表，用工作最后期限的设定来给自己施加压力，有助于自己专注于当下的工作，提高工作效率。

一项任务的命运如何？是被展开来认真地做，还是被缩水或敷衍了事？这要看你为这项任务设定的工作期限是多少了。正是“有效日期”、“最后期限”这些时间上的限制，推动了这个世界的运行。因为要是没必要立即行动的话，大部分人都会赖着不动。我们总是磨磨蹭蹭：等条件变得更成熟些，等手头的资料更翔实些，等我们自己的心情更好些……等到所有这些都齐备了才会采取行动。这就是人类的本性。所以给自己一个清楚明确的最后期限并且让自己“现在”就必须采取行动，因为再晚可能就没机会了。这一点非常重要！

最后期限还点中了另一处心理“死穴”：即我们不喜欢自己的自由受到限制。无论什么时候，只要有人告诉我们，我们不能拥有某个东西或不能做某件事了，结果我们得到这个东西或做这件事的愿望反而更强烈。所以，让自己知道：今后可能再也没机会采取行动了。这样做会获得更大的继续前进的动力，从而立即采取行动！

有一家很有名的零售店，他们的做法就是根据人们这种心理来销售他们的产品。他们在那些想清仓的商品项目栏贴上“已售”的标签。为什么这么做呢？当然有原因！当我们看到贴有“已售”标签的商品时，便会受潜意识的驱使，更想得到该件商品。于是当我们再发现碰巧和“已售”商品很相似的商品时，便会立刻把握机会，掏钱买下。

无数的研究结果也表明了这一点：越是少的东西，越是让人们觉着贵重。可以确定，生活中你一定也遇到过这样的情况：当某个东西最新潮、最热门的时候，人人趋之若鹜，这个东西就会变得越发地诱人。为什么呢？机会的大门并不永远敞开，这个东西正越来越少。正是这样的原因，才使得我们对这个东

西产生了更加热切的渴望啊！我们为稀有的东西标价。钻石、黄金、石油……这些虽非幸福生活的必需品，却被赋予了极高的价值。为什么呢？仅仅因为我们知道“它们的产量很少”。所以，白金比黄金贵，黄金比白银贵，白银比铜贵。为什么呢？我们能得到多少，这才是确定它们价值的关键！所以设定最后期限的一个重要作用，就是提醒我们要做的事如果不赶快做，就会没有机会了。

在设定任何目标都要设定最后的期限来实现目标。如果没有设定实现目标的最后期限，不管你的目标多么伟大，听起来多么动人，都只是说大话，吹牛皮。

不会休息的人就不会工作

对于人类来说，休息是生存中必不可少的一项，也是正常工作、学习和生活的保证。

科学研究表明：我们的心脏在一天24小时中也有休息的时候。因此一个善于平衡自己的工作与生活的人应当知道忙里偷闲。卡耐基把这种空闲的时间称为“空白页”，这部分时间在日程中是一片空白，是用来提升你的精神境界的。

比如学习之后散散步，下下棋，读读书，看看报，听音乐，去旅游等都可以缓解疲劳。而最有效的休息方式还是睡眠。睡眠可以缓解疲劳，恢复精力、体力等，也可以解除心理压力，促进身心健康，保证人体正常、高效、愉悦地工作、学习和生活。

人的一生中，大约有三分之一的时间沉睡在睡梦中，睡眠应该算是人类最基本的休息方式，也是最重要的休息方式。列宁同志曾说过：“不会休息的人也不会工作。”不会工作当然就要穷忙了。归根结底，穷忙族还是应该找到问题的根源，注意合理安排时间休息才行。

泰戈尔在《飞鸟集》中写道：“休息之隶属于工作，正如眼睑之隶属于眼

睛。”不会休息的穷忙族就好像一只永远也停不下来的陀螺，被绳子抽得停不下来。

有一次，颜渊陪着鲁定公登上高台，看驾车高手东野毕在台下表演车技。看了一会儿，定公不由得赞叹说：“东野毕的技术简直是太高超了。”

颜渊在一旁说道：“高超固然高超，可是等一会儿车肯定要翻。”

鲁定公听了以后很不高兴，毫不客气地对身边的人说：“我听说品行高洁的人不会在背后讲人的坏话。可是今天看来，也不尽然啊。”

颜渊听了以后，心里有些不快，默默地离开了演练场地。可是当他回到家不一会儿，鲁定公派来的马车也赶来了，又把他请回了演练场的观礼台。原来，他刚刚离开，东野毕的马车就翻了。鲁定公这次十分客气地对他说：“刚才寡人说得不对。不过我想请教您，您是怎么看出车肯定要翻呢？”

颜渊回答道：“从前造父善于驾车，车技出神入化。可是他很善于使用马力，从来不用缰绳把马控得死死的，而是保留一定的余地。可是今天东野毕驾车，为了表现自己的技术，缰绳抓得很紧，驾车的方法虽然正确，可是马没有跑多久就累了。他为了在大王面前表现，一定会抓住已经累了的马继续表演，这样怎么能不翻车呢？”

这个故事中的马其实说的又何尝不是我们自己呢？如果我们只是一味抓紧工作，把自己的神经绷得紧紧的，而没有得到适当的休息、放松，我们总有一天会崩溃的。

美国的石油大王、洛克菲勒财团的创始人——约翰·洛克菲勒创造了两项惊人的纪录：他赚到了当时全世界为数最多的财富，也活到了98岁。他如何做到这两点呢？最主要的原因当然是，他家里的人都很长寿，另外一个原因是，他每天中午在办公室里睡半个小时午觉。他会躺在办公室的大沙发上——而在睡午觉的时候，哪怕是美国总统打来的电话他都不接。

这告诉我们在工作中要积极主动地休息。如果你住在一个小城市里，每天中午回去吃午饭的话，饭后你就可以睡十分钟的午觉。这也是马歇尔将军常做的事。在“二战”期间，他觉得指挥美军部队非常忙碌，所以中午必须休息。

在攀登“成功”这座人生高峰的过程中，你越接近成功，越需要休息，越

要积攒力量面对下一步的挑战。

现代科学管理之父泰勒在一家钢铁公司担任科学管理工程师的时候，就曾以事实证明了这件事情。他曾观察过，工人每人每天可以往货车上装大约12. 5吨的生铁，而他们通常中午就已经筋疲力尽了。

他对所有产生疲劳的因素做了一次科学性的研究，认为这些工人不应该每天只送12. 5吨的生铁，而应该每天装运47吨。照他的计算，他们应该可以做到目前成绩的4倍，而且不会疲劳，只是必须要加以证明。

泰勒选了一位施密斯先生，让他按照规定时间来工作。有一个人站在一边拿着一只秒表来指挥施密斯："现在拿起一块生铁，走……现在坐下来休息……现在走……现在休息。"

事实证明这种积极休息的方法对于提高工作绩效，缓解工作疲劳有十分积极的作用。

作为一名穷忙族，面对堆积如山的工作和归家之后繁忙的家庭生活，一定要懂得如何放松自己。只要想躺下随时就可以躺下，很多时候，一味地工作并非上策，适度的休息，才是摆脱穷忙的良方。

[第六堂课]
让人生忙得有价值：规划自己的人生之路

你的目标是什么呢？拥有一间不大的房子，相亲相爱的爱人？还是可以周游世界，看遍世间的风景？又或者是拥有一番自己的事业，成为一个成功人士……不管你想要什么，你都应该趁早为自己打算好。

人生规划要趁早

通常来说，成功的职业规划应该是要给自己确定出具体的目标：第一阶段，工作二三年，要得到上司乃至单位大多数人的认可。第二阶段，工作5年左右，要做到这个职业圈子里的人差不多都认识你，才算成功。假设你是个部门经理，至少在你离开单位出去单干时有人愿意跟你一起走，信任你、认可你才可以。到第三阶段，工作10年左右，要有猎头公司来挖你，或者说，你跳槽的话，很容易找到另一家好公司。比如说，你在贸易公司工作，经常出去开展览会，在会场上溜达一圈，几乎所有的人，包括你的客户、供应商，甚至竞争对手都认识你，那才算是有了理想的知名度。一个人的时间、金钱和精力都是有限的，如果不能充分地加以利用，那将是一个巨大的损失。而一个成功人士之所以能够做到事半功倍，是因为他们总是能够早早地为自己做好计划。

郭鹏一直是个优秀的学生，但自认为毫无特长。大学的专业并不是自己喜欢的，但他到底喜欢什么？不清楚。他大学毕业后做了一年中学老师，可是

觉得不适合自己，后来又稀里糊涂读了原专业的研究生，毕业后进了出版社。工作了两三年，没有太大的成就感，感觉很苦闷，好像有劲没处使，于是想跳槽。偶然看到报上的某个招聘广告就去应聘了，可惜他对所要进入的行业没有太多的了解。刚进入一个新领域的新鲜感消失后，他又开始怀疑自己的选择："我到底适不适合这个职业？"在这个职业工作了几年，别人看来还算不错，但自己内心有时会冒出一个声音："这不是我最想要的！"不满足感常常困扰着郭鹏，使其每天都过得很不开心。后来郭鹏了解到一些有关职业生涯规划的说法，后悔从前没有自我规划的意识。但转念又一想，即便有自我规划的意识，如果不清楚自己想干什么，也无从规划！郭鹏已经35岁了，再重新规划职业道路好像也有些力不从心了。

现代社会，规划对一个人的人生有很大的影响，有什么样的规划就有什么样的人生。我们的时间非常有限，越早规划你的人生，你就能越早找到行动前进的方向，就能越早成功。

你的人生规划是什么？当前的工作是否有利于你人生规划的实现？如果回答是清晰而肯定的，那么恭喜你——这样的付出是值得的；如果回答是否定的，请不要再浪费生命了，立即着手改变！

第一步，了解自我。首先要正确评价自己的核心价值、个性特点、天赋能力、缺陷、性格、气质、兴趣等，问问自己想干什么，能干什么。对自己各方面能力进行摸底，了解自己能力的大小，明确自己的优势和劣势，根据别人的经验、经历，选择推断未来大概的工作方向，从而彻底解决"我应该干什么"的问题。

第二步，了解职业。规划人生光了解自己是不够的，还要了解职业的方方面面。全面了解职业包括职业的工作内容、知识要求、技能要求、经验要求、性格要求、工作环境、工作角色等。在全方位了解了职业之后，进一步仔细地分析比较自己和职业要求的差距，根据自己的特点仔细地权衡选择不同职业的利弊得失，以根据自己的现实条件确定最终达到目标的方案。

第三步，充分规划。每一个想找到适合自己理想的职业的人，要在找工作前明确职业定位，充分结合自己的个性特点和兴趣爱好，认真思考自己要做什

么，能做什么，从事哪个专业领域的工作，朝哪个方向发展，从而避免求职时的盲目和错失良机。

对于不同的人，人生规划肯定是不同的。其实不仅如此，即使是同一个人在自己一生的各个不同的阶段，其规划也存在很大的不同。而对于处在二十岁至三十岁之间的年轻人来说，其人生规划重在走好职业的第一步。二十岁至三十岁这一阶段是人生发展的开始，也是最关键的时候。如何起步，直接关系到今后的成败。这一阶段的主要任务之一，就是选择职业。在充分做好自我分析和内外环境分析的基础上，选择适合自己的职业，设定人生目标，制订人生计划。

人生规划一定要实事求是。眼高手低或者好高骛远都是职业规划的大忌。客观地自我认识和自我评价是制定个人职业规划的前提，职业定位应以个人发展为目标，应符合自己的兴趣、特长，与个人的知识、能力相符，除此之外，职业规划还需要考虑客观环境因素。

机会是自己创造的

有人说，富人之所以富有，是因为他们运气好。而穷人之所以受穷，是因为他们没有致富的机会。这种说法显然过于片面了，虽然这是一个方面的原因，但不是绝对的。机会对于成功固然重要，但是，很多穷人都没有意识到这一点：机会从来都不是等来的，也不是天上掉下来的，而是通过自己的努力创造出来的。富人在机会还没有到来的时候就做好了充分的准备，为机会的到来创造一切条件。所以在机会真正到来的时候，只是他们一直以来的努力得以实现罢了。而穷人呢，别说创造机会，就是机会光顾他们的时候也未必能好好把握住。

在多数人看来，富人总是很有经济头脑，我们常常听到这样的评价：某某从小就很精明，天生就是个做生意的料。然而，真的有那么多天生的“料”吗？其实，那些所谓的“天生的生意人”不过是很早就开始把眼光投向财富领

域罢了，以至于他们比同龄人更早地学会了一些有关赚钱的“知识”。而这些知识经过了日积月累，就变成他们特有的生财之道。也就是说，那些对于赚钱这件事“早熟”的人，通常在财富领域更容易获得成功。而在众多“早熟”的人群中，股神巴菲特也许是最“早”的了。我们好像从来没听说过有5岁的商人，然而，这却是个事实，他就是巴菲特。当然，严格地说，5岁的巴菲特还只是个摆摊的小贩。

巴菲特1930年出生在美国西部一个叫作奥马哈的小城。他出生的时候，正是家里最困难的时期。父亲因为投资股票失败而血本无归，家里生活非常拮据，为了省下一点咖啡钱，母亲甚至不敢去教堂参加朋友的聚会。在苦难的生活中，巴菲特作为家里唯一的男孩，显示出超乎年龄的成熟。5岁的时候，巴菲特看到父母每天为衣食犯愁，就逐渐产生了一个执着的愿望：他要成为一个非常非常富有的人。

那一年，巴菲特在家门外的过道上摆了个小摊，向过往的行人兜售口香糖。后来，他改为在繁华市区卖柠檬汁。难得的是，他并不是挣钱来花的，而是开始积聚财富。

7岁的时候，巴菲特因为盲肠炎住进医院并做手术。在病痛中，他拿着铅笔在纸上写下许多数字。他告诉护士，这些数字代表着他未来的财产：“虽然我现在没有太多的钱，但是总有一天，我会很富有。我的照片也会出现在报纸上的。”一个7岁的孩子，用对金钱的梦想支撑着，挨过被疾病折磨的痛苦。9岁的时候，巴菲特和小伙伴在加油站的门口数着从苏打水机器里掉出来的瓶盖，并把它们运走，储存在自家的地下室里。这可不是9岁少年的无聊举动，巴菲特是在做市场调查。他想知道哪一种饮料的销售量最大。

巴菲特还到高尔夫球场上寻找用过的但可以再用的高尔夫球，细心地将它们按照牌子和价格整理出来，再发给邻居去卖，然后他从邻居那里获得提成。他还和一个伙伴在公园里建了一座高尔夫球亭，生意很是红火了一阵子。此外，巴菲特还做过高尔夫球场的球童，每月能挣3美元的报酬。

到了晚上，巴菲特常常看着街上来来往往的车流和人流，说：“要是有办法从他们身上赚点钱就好了，不赚这些人的钱太可惜了。”

朋友的母亲曾向巴菲特提出这样一个问题："你为什么想赚那么多钱？"

巴菲特回答："这倒不是我想要很多钱，我只是觉得赚钱并看着财富慢慢增多是一件很有意思的事。"

少年时代的巴菲特有一本爱不释手的书——《赚到1000美元的1000招》，这本书通过描述一些白手起家的人的经历来激发人们创造财富的欲望。巴菲特沉醉于创业成功者的故事里，想象着自己未来的成功景象：站在一座金山旁边，自己显得多么渺小。他牢记书中的教诲：开始，立即行动，不论选择什么，千万不要等待。

巴菲特11岁那年就被股票吸引住了。他从做股票经纪人的父亲手里搞来成卷的股票行情机纸带，把它们铺在地上，用父亲的标准、普尔指数来解释这些报价符号。他果断地以每股38美元的价格为自己和姐姐分别买进3股城市设施优先股股票，在股价升至40美元时抛出，扣除佣金，获得5美元的纯利。看着这具有历史意义的5美元，巴菲特感到想象中的金山离自己越来越近了。到了高年级，学校里的许多人都认为巴菲特是股票专家，就连老师也要从他那里挖一些股票的知识。这一切，为巴菲特日后"股神"地位的确立奠定了坚实的基础。

后来，巴菲特成为美国一个神话般的人物，和美国同一时期的其他大富豪相比，如石油大王洛克菲勒、钢铁大王安德鲁·卡内基，还有后来的软件大王比尔·盖茨，巴菲特是与众不同的。其他人的财富都是来自一个产品或者发明，而巴菲特却是个纯粹的投资商。他从事股票和企业投资，截至2010年已经积累了470亿美元的财富，并成为美国投资业和企业的公共导师。

在40年的投资生涯里，巴菲特从来没有用过财务杠杆，没有投机取巧的行为，没有遭遇过大的风险，没有亏损过。不管外界如何风云变幻，巴菲特在市场上一直保持良好的态势，同期没有哪个人能与巴菲特相媲美。严格地说，甚至没有人能够接近他。

这简直就是个奇迹。在众多的市场专家、华尔街经纪人看来，简直是一件不可思议的事情。为了参悟巴菲特成功的奥妙，很多人每年在特定时间都会蜂拥到小城奥马哈，像圣徒朝圣一样去聆听巴菲特的教诲，把他的著作视为"圣

经”，像背诵经文一样背诵他的格言。

这就是巴菲特为自己创造的机会。可以说，他从5岁起就开始为他后来的机会努力了。因为极少有人在5岁的时候就开始抱有巨大的财富梦想，也极少有人在懵懂无知的时候就对赚钱这一艰苦的事情抱有坚定的信念。

拥有具体的目标能更清楚地前进

常常听到很多人说，我真的想成功，也想确定人生目标然后努力去做，但是就是不知道该怎样去做。为什么会有这样的情况呢？其实只是因为这些人不够了解自己，不知道怎么确定一个具体的目标。

首先，我们应该要清楚一个清晰具体、可以帮助我们前进的目标应该是怎样的。具体的目标可以指导我们的行动，能让人产生前进的动力。目标不仅是奋斗的方向，更是一种对自己的鞭策。目标明确了，就有了热情，有了积极性，有了使命感。拥有明确目标的人，会感到心里踏实，注意力也会出奇地集中起来，不再被那些繁杂的事所干扰，直至完成目标。

美国著名的商业大学哈佛大学在1979年对应届毕业生做了一个调查。在调查中，他们询问应届毕业生中有多少人有明确的人生目标，结果只有3%的人有明确的人生目标并且写在了日记本上。他们把这些人列为第一组；另外有13%的人在脑子里有人生目标但没有写在纸上，他们把这些人列为第二组；其余84%的人都没有明确的人生目标，他们的想法是完成毕业典礼后先去度假放松一下，这些人被列为第三组。

10年后，哈佛大学又把当初的毕业生全部召回来做一次新的调查，结果发现第二组的人，即那些有人生目标但没有写在纸上的毕业生，他们每个人的年收入平均是那些84%没有人生目标毕业生的两倍。而第一组的人，即那些3%的把明确人生目标写在日记本上的人，他们的年收入是第二组和第三组人的收入相加后的十倍。也就是说如果那97%的人加起来一年挣一千万美元，那么这3%的人加起来的年收入是一个亿。

明确清晰的目标是行动通向成果的指南针。当人们的行动有明确的目标，并且把自己的行动与目标不断加以对照，清楚地知道自己的进行速度和与目标的距离时，行动的动机就会得到维持和加强，人就会自觉地克服一切困难，努力达到目标。

人若没有目标，做事时就往往会犹豫不决。比如，心里没有目标，在饭馆吃饭点菜时，便没有主意，只能听从服务员的介绍。再比如想买一套房子，但是目标不明确，东也看，西也看，最后由于看累了，便决定随便买一套……然后等到静下心来，你吃饭的时候才发现点的菜不是你喜欢吃的；你买的房子也有很多的问题。但人生的成功却不是随便点一道菜或买一套房这么简单。因为点菜或买房，由于目标不清楚，你没主意的时间可能是几十分钟或几个月，造成的损失也不过是几道菜或一幢房子。

人生是一个漫长的过程，如果没有具体的目标，必然会活得浑浑噩噩，像成天围着磨盘打转的驴子，日复一日地重复自己，一生也走不出那个狭隘的天地。但是如果在心中为自己设下目标，那么，每向前跨出的一步就都将变得意义非凡了。

每个富有的人，他们之所以达到成功，就是因为他们有明确的人生目标。说到金钱财富，也是同样的道理，如果你还没有制订出很具体明确的摆脱穷忙的目标，那么你也很难摆脱穷忙。很多人讲，我要成为富人，挣很多的钱，但是实际上你很难会富起来。因为，这都只是想法而不是目标，这样的想法太抽象、太空泛，根本不具有实际的指导作用。而目标就是要有具体数字、时间期限、详细的计划、随之付出努力和行动，并且每天每个星期每个月，能衡量进度。

就财富而言，必须设定一个数目以及实现目标的期限。设定了明确的成功目标，就会在你的大脑中，在日常思维里，甚至在你的神经系统中都种下一个成功的种子。这颗种子会深植在你的潜意识里，自动地生根发芽并壮大。

你可以花钱买一个精致而漂亮的笔记本。在笔记本上写清楚你在五年之内想要实现的财富目标。把目标写在笔记本上后，每天看几遍，时时提醒自己。你的大脑便会记下你的目标，并会自动找出好的主意和方法让你实现目标。潜

意识会让一个人不自觉地想到他的目标，在无意中找到实现目标的最好方案。

随波逐流让你“盲”上加忙

当穷忙族每天为了自己的目标忙碌奔波的时候，或许有人有过这样深深的困惑：为什么自己如此忙碌却还是看不到光明的前途？也可能有人有过这样的沮丧心情：我缺乏成功的天赋还是我总是那么时运不济？还可能有人曾有过这样迷茫的处境：我现在坚持的是自己最初的梦想吗？

当困惑、沮丧、迷茫来临的时候，穷忙族是否问过自己一个问题：那就是你是否在随波逐流、浮躁盲目的社会热潮中找准了你的航线。

很多穷忙族就是因为“只顾低头拉车，没有抬头看路”而疲于穷忙。

比如有许多人在咨询职业发展规划时，他们挂在嘴边的话便是：

“听说现在做这个行业很赚钱。”

“我的同学在那个行业真是如鱼得水。”

“据说，考这个证书的人出路特别好。”

他们这种盲目随大流的心态加速了他们的穷忙。他们没有想好自己该走怎样的路，自己走的路是否正确。无论你有多大的决心去奔波忙碌，但是发挥自己的劣势而且走在一条选择错误的道路上，一定会是一个错误的选择。

跟风、随大流是人类的通病和习惯，是思维懒汉的“专利”，是我们内心中难以觉察到的消极幽灵。许多人总认为多数人这样做了就一定有道理，自己何必多加考虑，随大流就是了。甚至，有时从众的习惯明显存在严重缺陷，可人们仍不愿改正它，依然盲目跟随，从而导致无谓的悲哀和失败。盲从是一种被动的情绪，可能出于懒惰的思想，也可能出于无奈。

比如，每年高考报志愿时，大家都会看到这样的场面：莘莘学子拿着报考志愿表，在选择填报哪个学校与专业时却表现得束手无策。大家纷纷想寻找“热门”专业，同时对自己能否考上也心存怀疑，所以难免会发出询问：“老师，他们都填报了计算机系，你看我是不是也选这个？”

在犹豫和怀疑之后，许多优秀学生最终都选择了大家趋之若鹜的“热门专业”。然而，到大学临近毕业时，他们才发现这些“热门行业”其实并不好就业。

这种现象，是在职业选择上的典型的从众心理。此类错误普遍存在，说明很多人并没有意识到社会需求的一条客观规律：物以稀为贵。

一旦千军万马都去挤一座独木桥，那么就会使桥坍塌的可能性大大增加。相反的，如果你能独具慧眼，另辟蹊径，见人之所未见，则往往更能适合社会的需要，也就更容易在社会上生存并取得成功。

在这个竞争激烈的时代，忙碌成了人们的生活常态。在这样的忙碌中，如果常常只顾着埋头拉车，而少了抬头看路，少了思考、分析、总结再前行这重要一环，是无法走出穷忙圈的。

从20世纪80年代起，比尔·盖茨每年都要进行两次为期一周的“闭关修炼”。在这一周的时间里，他会把自己关在太平洋西北岸的一处临水别墅中，闭门谢客，拒绝和包括自己家人在内的任何人见面。通过“闭关”使自己处于完全的封闭状态，完全脱离日常事务的烦扰，静心思考一些对公司、技术非常重要的问题。盖茨的“闭关”不只是一种休息方式，更是一种高效率的工作模式，是一项让整个微软公司和他自己能找准路线的重要工作。

中国古话说得好：前车之覆，后车之鉴。现实中，我们不一定知道正确的道路是什么，但时时反省却可以使我们不会在错误的道路上走得太远。有不少穷忙族总是抱怨自己忙，没有时间，殊不知抽出空来抬头看看路能让今后的忙碌更具成效。

人生要看得够远

在生活中也许你曾经遇到过以下几种让你深感不公的场景：上班路上交通堵塞，你疲惫地挤在如沙丁鱼罐头一样的公交车内，这时有个开着崭新宝马的家伙不经意地从你身边经过，手上戴的卡地亚手表让你眼前一亮，这个人

真有钱啊！当你再定睛一瞧，惊讶地发现，他不就是当年一起在工地上卖苦力的××吗？这个家伙很爱偷懒，经常遭到工头的责骂，一天下来挣不了几个钱，而自己一直很卖力，每月都能拿到不少奖金，那一刻，你不禁思索："我比那个家伙聪明得多，勤奋得多，而那个懒惰的家伙如今为什么比我强这么多倍？"

又或是，某天老板安排你到某城市与某公司洽谈生意，当你来到这家企业后，突然发现此控股公司的老总居然是你大学毕业后在某家小公司工作时混事的一位手下，现在他所掌控公司的分支机构已经遍布全国各大城市，手下共有4000多名员工。那一刻，你不禁自问："我这么有头脑的人为什么不能像那个家伙那样事业发展突飞猛进？"

又或者是，你省吃俭用了好几年终于有了一套属于自己的房子，但为了还清贷款，你和妻子两人都要早出晚归地工作，而且还要推迟几年要孩子。一天，你随手拿起一份当地的报纸，看到一条新闻，某人投身慈善事业捐款累计上千万元，再看此人身份介绍，突然发现，原来他就是小时候光着屁股和自己一起长大的邻居家的××，当时他穷得身上连一分钱都没有，总是跑到你家蹭饭吃。然而这么多年过去了为什么自己拥有的钱没有那个家伙多？

又或者是，你以每天工作10多个小时，每周工作70多个小时的高强度拼命忙于事业，经过10年的时间你终于如愿以偿地做到了公司"二把手"的位置，但是你却为此牺牲了婚姻。3年前，妻子抱怨你是工作狂，眼里只有工作没有家，跟你吵架，还跟你离了婚。当你参加全国城镇企业年度发展大会时，发现在大会上发言的有一位高中时考了N次也没考上大学的同学，如今他已是城市企业协会的秘书长，还有一家三口的幸福家庭，那一刻，你又不禁问了："我头脑如此聪明，轻轻松松地就考上了全国名牌大学，年年拿到奖学金，工作又这么卖命，为什么自己的成就没有那个家伙大，还做出这么多的牺牲？"

又或者是，某一天，你和阔别几年的大学同学在某个场合偶然相遇，只不过你骑着自行车，他坐着高级轿车，在了解毕业这几年的变化后，你开始感到不公了：为什么上学时，他的水平还不如我，而如今他年收入几百万元，我要上班拿工资，饿不着也撑不死？为什么他可以住豪华别墅，出门代步是汽车，

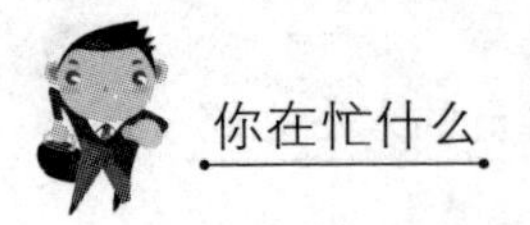

过着舒适的生活，而我每天辛苦地骑车上班，挣的是养家糊口的钱？

或许你心中的疑问更多：为什么那个家伙可以让家人穿金戴银，而自己却入不敷出，总让家人为生计担忧？为什么那个家伙成为一年盈利几百万元的商人，而自己却还在某家公司一个不起眼的小格子里忙碌着没有出头之日？为什么那个家伙总是有那么多的闲暇时间带着家人一起外出度假，而自己却要牺牲私人时间为老板忙工作？为什么那个家伙可以放心地周游世界，而你总是感觉工作“简直能累死人”？

这些主要与一个人的眼界有关。有个词叫“穷算计”，这个词很经典，因为穷才算计，反过来则是越算计越穷。因为这种算计，也许只是小聪明，很可能是得不偿失的。因为这种算计蒙蔽了我们的眼光，束缚了我们的思路，禁锢了我们的观念。

尤其是随着知识经济时代的到来，不同工种的待遇差异就像社会的贫富悬殊一样，把人分别扔在两极。穷忙者还停留在机械劳动时代，靠一丝不苟的态度处理工作，以求能够挣满工分，而富闲者则开始了用智慧赚钱的新方式。正如股票大王巴菲特说：“榨出我1克脑汁，加上16000元资金，就能换来1000万元的财富。”可见，那些像巴菲特一样躺着也能赚钱的有钱人高品位的富闲的生活并不是靠拼体力拼出来的，而是靠智慧换来的。

在国内也能找到许多依靠智慧赚得大量财富的富闲族。网易CEO丁磊曾经这样说过：“怎么样可以在睡着觉的时候就有源源不断的收入进账？网络游戏可以做到。”盛大网络董事长陈天桥就是依靠网络游戏改变生活的。

起初，可能人们满脑子都是“游戏可能害人”“游戏犹如鸦片”“远离网络游戏就是远离毒品”的念头，但是一连打了七天七夜游戏没合眼的浙商陈天桥敢为人先，在中国掀起了一股游戏狂潮，并将其做成了一种利润上百倍的赚钱产业。他创立的热血传奇游戏点卡35元一张，每张可以使用120个小时，一小时的时间连半分钱的价值都不到，但是，令人惊讶的是，会有那么多手头并不富裕的年轻人有空闲时间玩网络游戏，并心甘情愿地给陈天桥“一点一点”缴钱，正是这款游戏使陈天桥在短短几年的时间里跃居大陆首富的宝座。

当在你忌妒陈天桥动辄出手数亿元资金好不阔绰，而你也想“阔绰”起来

却苦于手头没钱时，你不能不佩服人家的商业头脑。如果陈天桥起初想到的只有社会责任，那么，有这样伟大“抱负”的人等于没赚钱时便背了包袱，他们大概不会有陈天桥这样大胆的创新思路，也永远成不了富人。

总之，思路决定出路，眼光决定贫富；富人之所以能够富起来，是因为他们的眼光从来不会只停留在眼前的地方，而是别人所看不到的更远的地方。只有当你看透富闲人的财富观念，你才会停止对这个社会为什么如此不公的抱怨，心平气和地思考自己未来的人生。

不断给自己充电

如今社会经济的发展日新月异，各种工作所需的知识层次也日益升高。如果你知识底子薄，不愿意付出艰苦再去深造而且还墨守成规，等待你的就只能是落伍淘汰。

进一步再学习，已成为当今职场的一种时尚。在做到真正地认识自我的基础上，针对自身的薄弱环节而不断充实自己、提高能力，即我们常说的生活中要不断“充电”。只有这样，才会保持前进的动力。

越来越多的职场中人选择“充电”来提高自己的竞争力。为适应现代竞争激烈的社会潮流，无论穷忙族还是富闲族，都在积极为自身“充电”，通过充电增强自己的竞争力，从而才有可能逐步升职、提高薪水，取得成就。

众多的人二次进修，是因为随着全球经济的一体化，我国的经济形势也发生了巨大的变化。不管是老板还是员工，人们都深刻认识到要与时俱进，必须认清形势，提高自身素质。有的私企老板去党校还学上了瘾，如志高空调的李兴浩。据他所说，他头一次去党校学习是20世纪的90年代末，当时同去学习的人还凤毛麟角；可是最近他再次造访，发现那里的“学子”已经摩肩接踵。

“充电”是防止知识、能力“折旧”的最有效的办法。现在，人们不只是忙于专业技术培训和技能培训，而且已经开始盛行对口才、人际沟通、心理状态等体现综合素质的“软充电”。

徐露研究生毕业后，受聘于一家规模较大的贸易公司，经过两年多的拼搏就做上了项目部助理。她以一向积极的工作态度和良好的工作业绩赢得了领导的信任，一年后又被提升为总经理助理。在提升后，她感到工作压力明显增大。按理说她研究生毕业学历已经不低，可是真正工作起来有时还真有些感到力不从心。所以她一直不忘学习，积极总结工作经验，积极进取，不断地提高自己的综合素质。工作内容也开始扩大范围，从项目管理拓展到了财务管理、人力资源管理、市场开发等方面。她清楚，越高的职位必然对自己提出更高的要求，只有不断提高综合素质，才有可能获得晋升。所以在工作中她非常注意积累经验，并利用业余时间系统学习了人力资源相关课程。

后来，果然功夫不负有心人，公司的人事主管退休后，徐露不费吹灰之力就补上了这个“缺”。三年之后，她顺利晋升为人力资源总监。

现今社会的人们，面对这种近于残酷的就业竞争压力，大部分职场中人早已意识到了参加培训、给自己不断充电的重要性。

徐涛大学刚毕业就来到一家IT公司工作，现在已经工作四年了。可是作为老员工的他，在这次公司进行人事调整中不但没能被提拔，反而被冷落在一边无人问津了。虽然他的技术并没有过时，但是，他失败的致命原因就是他的技术过于单一。这一点徐涛自己也意识到了，他也明白，自己的确是应该去“充电”了，自己的技术需要更加完善才行，只有这样才能很快适应公司的调整。本来IT行业的知识更新就非常快，如果自己追不上，一定会被淘汰的。

在信息爆炸的时代，知识的保鲜期越来越短，文凭的时效性也越来越短，变化莫测的市场对每个人的知识要求也变得越来越苛刻。要想适应当今社会的生存法则，要想自己在关键时刻不掉链子，就要学会积极“充电”，不断“充电”。只有这样才能提高在职场中的竞争力，才能在竞争中成为一位常胜将军。

在过去，一个人只要学会一技之长就可以终生享用，现在就不行了。今天还在应用的某项技术，明天就可能过时了。知识、技术更新换代的速度让人目不暇接，要使自己能够跟上时代发展的步伐，就要不断地学习。因为，你并不总是最好的，只为暂时的一点儿小成绩就自满，早晚会被滚滚前进的社会潮流

所淘汰。就像姚明所说："如果你没有真功夫，管你是谁，一样得下岗。"

自古以来，人们都在提倡学无止境，生在信息革命时代的我们更是如此。我们要想成功就更需要终生学习，每一个欲成大事的人都应该认识到，学习将成为终生的需要。

中国古代哲人荀子早就说过："学不可以已。"人如果停止学习，就会成为社会的落伍者。过去，有一句俗话"活到老，学到老"。从人的自我发展和自我实现来说，一旦停止学习，也就到头了。现代社会的发展变化是很快的，很多人都在为如何适应生存，如何才能发展自己的问题上思考着学习的重要性。如果停止了学习，你将在快速发展的社会里找不到自己的位置，就要面临被时代淘汰的危险，你的生存就会受到威胁，更谈不上发展，谈不上自我实现了。

在漫长的人生旅程中，我们再忙、再苦、再累，也不能放弃对知识的追求。学习既是我们获取知识的途径，又是在逆境中拼搏的精神支柱。大凡有成就的人，都是终身孜孜不倦地追求知识的人。在他们看来，知识是没有止境的，学习也是没有止境的。学习使他们的思想、心理和精神永远年轻，也使他们的事业日新月异。

"博学之，笃行之"。学习之后，还要把理论知识付诸实践，在社会变革的时代洪流中去灵活运用，才能更好地取得事业的成功与进步。因此，无论以前的基础有多好，在一个充满竞争、科技更新迅猛的年代，都要不断对自己投资——即不断学习和进步，才能不被社会淘汰。

学会居安思危

一句古语说得好："生于忧患，死于安乐。"穷忙族如果长期处于安逸舒适的环境中，勇气、意志、雄心常常会在不知不觉间被安乐磨平，失去原有的战斗力，遇到环境发生突然变化，对于改变无法做出及时的反应，以至于接下来的生活无法适应，逐渐走向死路。所以穷忙族要想磨炼出自己的意志，激发出巨大的勇气，就要时刻为自己敲响居安思危的警钟。

理想的生活往往掩盖在现实平常的生活之中，而你只能靠探险的勇气、敏锐的洞察力去发现和开掘它。可是，在你的身上，原本具有打破旧的生活格局的巨大潜能，可能会被现实的平庸所掩盖着。在这样的情况下，安逸的环境就像一层蒙住你眼睛的薄雾一样，让你看不清随时可能爆发的暗藏的危机，意识中不再具有居安思危的预先准备和思考，即使潜能再大，也会在遗憾中埋没。

冷水煮青蛙的故事对很多人来说也许都是耳熟能详的故事了。把一只青蛙放到滚烫的热水里，它会迅即跳出来。可是一旦将它放进冷水里，这时用小火慢慢无声无息地逐渐升高温度，结果是直到被煮熟了，青蛙还是没有跳出来改变它悲惨的命运。

安逸的生活就像煮热水一样，不断升高的温度就像暗藏的危机。生活如同一个黑暗的隧道一样，谁也不知道前方到底是坦途还是沼泽。而一个人如果总是依赖于舒适的生活而失去忧患意识，盲目走这样一条隧道，不去想自己有可能遇到的危机，就很容易使自己陷入生活中的“沼泽”。

现实生活中，其实很多时候，我们的进步更多的是因为忧患意识给予我们的提醒，我们才能够在突然的变故中站稳脚跟。而许多人跌倒，往往跌倒的地方不是在自己的缺陷上，而是在生活的安逸上。有时忧患的意识常常可以鞭策我们去奋斗，帮助我们减少危险的发生率。现实生活中这样的例子，可谓举不胜举。

据调查，在世界500强企业中，每过10年，就会有1/5以上的企业从这个名录中消失。而在总结这些企业破产的原因时，人们发现，春风得意之时正是这些企业衰落的开始，危机存在时，他们没有用忧患的意识提醒产品的开发以及经营管理的超前性。相反，在世界500强中长期站住脚的企业，他们往往是对忧患意识理解最深刻的。

德国奔驰公司董事长埃沙德·路透的办公室里始终悬挂着一幅巨大的恐龙照片，照片的下面写着：“在地球上消失了的，不会适应变化的庞然大物比比皆是。”英特尔公司原总裁兼首席执行官安德鲁·葛洛夫则说“惧者生

存”。而通用电气公司前任董事长兼首席执行官韦尔奇也说：“我们的公司是个了不起的组织，但是如果在未来不能适应时代的变化就将走向死亡。如果你想知道什么时候达到最佳模式，回答是‘永远不会’。”百事可乐公司的负责人韦瑟鲁普在公司发展势态良好的时候，却提出了“末日管理”理论。比尔·盖茨同样是个忧患意识很强的人。当微软公司利润超过20%的时候，他一再强调利润可能会下降；当利润达到22%时，他还是坚持说会下降；到了今日的水平，他仍然说会下降。华为总裁任正非在一次会议上说：“我们今年可能活不成了。”而说这话时，华为总裁任正非所掌管的华为公司在国际上的业务份额是NGN市场份额的13%，全球第二；ADSL市场份额32. 9%，全球第一；2001～2003年的全球交换机新增市场份额32%，全球第一。

可见，忧患意识是企业发展的原动力，也是一个人向成功前进不可缺少的精神力量。也正像一位身经百战的商界强人说的那样：“长期的成功只是在我们时时心怀恐惧时才可能。不要骄傲地回首让我们取得过往成功的战略，而是要明察什么将导致我们未来的没落。这样我们才能集中精力于未来的挑战，让我们保持虚心、学习的饥饿及足够的灵活。”安于舒适的生活就像一剂慢性毒药一样，许多穷忙族一旦长期安于这种没有忧患意识的生活中，这种毒药就会侵蚀全身，累及穷忙族更加穷忙，实现富闲的目标将变得遥不可及。

[第七堂课]

让你的钱都花到刀刃上：合理计划才能理性消费

房价、物价、油价……什么都在涨，可是工资却不见涨；一个月辛辛苦苦挣来的薪水，总是没几天就没有了；工作几年下来，银行卡上的数字却从未超过四位数……房子买不起，车子买不起，但是钱都到哪儿去了呢？

没有花不出去的钱

美国重量级拳王泰森在其拳击生涯中至少赚进了4亿美元，但如今他已经两手空空，债台高筑，成为了世界上最穷的人之一。

在大众眼里，著名体育明星和演艺明星都是住豪宅、开名车的富豪一族，而泰森为什么会陷入巨大的财务危机中呢？事实上，是不会理财使他的生活陷入了窘困。

泰森出身贫困，少年时开始参加拳击训练，通过不懈的努力渐渐在拳坛崭露头角。后来，他成为了世界拳王，一度所向披靡。随着大量财富的蜂拥而至，他很快便累积了4亿多美元的财产。

有着几亿美元身家的泰森，在鼎盛时期所累积的财富，是一个普通美国人需要工作7600年才能拥有的。但后来到了2003年8月，泰森却因为身欠2700万

美元的债务而不得不申请破产！

为什么一个亿万富翁会在几年之间就变成了一名穷光蛋呢？按照泰森自己咬牙切齿的说法是，经纪人骗走了自己总收入的三分之一；第二任妻子莫尼卡为了离婚的赡养费几乎把自己榨干；那些和自己各种龌龊官司有关的人，包括律师和受害人，都从他身上捞足了油水。但是人们普遍认为，归根结底，奢华糜烂、挥霍无度的生活，平时出手太过阔绰的习惯，才是导致泰森迅速破产的主要原因。

泰森的荒淫无度和挥霍成性，在美国是尽人皆知的，破产完全是他咎由自取。成名之后，他一直过着奢侈的生活，驾名车、开游艇和住豪宅，挥霍无度。

有一次，在拉斯维加斯恺撒宫酒店的豪华商场，泰森带着一帮狐朋狗友前来购物，老板一看财神来了，于是索性关门“清场”，专门招待泰森一行。结果这帮人挑选了价值50万美元的贵重物品，泰森全部代为“埋单”。

在泰森的负债报表中，最搞笑的是欠了一家珠宝店17万美元，那是他在购买一条项链时忘了付钱。珠宝店老板在接受采访时却轻描淡写地说：“和泰森以前在店里的总花销相比，这点小钱只是个零头而已。”他的意思是，即使泰森日后不付这笔钱，他也不会吃什么亏。

泰森在一年时间里光手机费就花了超过23万美元，办生日宴会则花了41万美元。他甚至想到英国去花100万英镑买一辆F1赛车，后来知道了F1赛车不能开到街道上，只能在赛场跑道里开后才作罢。最后，他把这100万英镑变成了一只钻石金表。可是，才戴了十来天，他就随手将这只金表送给了自己的保镖。他甚至会经常有几万、十几万美元的巨额花费，连自己都搞不明白花到了什么地方。这样的花钱方式，即使有一座金山，也架不住要被挖空。

另一方面，泰森在1991年以后净收入便在不断减少，但他并没有因此而改变奢侈消费的习惯，从而导致他更加入不敷出。即使在申请破产保护后，他的律师也不是很清楚他的资产与负债现状，大量的、名目繁多的债务早已使泰森资不抵债。于是，一个亿万富翁就这样成为了一个穷光蛋。

泰森的故事提醒了每一位收入较高却总是入不敷出的穷忙族，一定要小心赚得越多花得越多的诱惑，即使是再多的钱，只要你肯花就一定会花得光！

事实上，很多领着高薪水的人，他们辛辛苦苦地工作，付出了很多汗水与脑力，却总是积蓄不了几个钱，因为他们赚多少花多少，赚得越多花得越多，甚至赚1元花2元！

经过深入调研，我们发现，高收入者之所以会花太多的钱，有这样几个原因：一是他们想要炫耀自己的收入，所以会花大钱去买各种象征身份地位的东西；二是他们想要买昂贵的奢侈品，如名表、跑车、豪宅、游艇等来犒劳自己；三是他们觉得只要付得起钱就不是问题，因为他们认为今年赚的钱花光了没关系，反正明年还会赚到更多。

然而他们没想到，一旦有了这种心态，就会招致一个很可怕的麻烦：要存钱很难！但是如果不存钱的话，就永远都无法累积财富。如果不能累积财富，等你没有了收入来源或者入不敷出时，你就会变成穷人。如果你挥霍无度，那么即使你像泰森一样收入好几亿美元，也会变成一个穷人，而不可能成为真正的有钱人和富闲一族。

花钱不能大手大脚

我们在生活中常常会看到这样的现象：富人花钱，通常用于投资；穷人花钱，则主要用于消费。对于一个生活在商业社会的现代人来说，拥有控制财富的能力，可能是一生中最有用的技巧之一。

其实有些穷忙族，挣的钱一点都不比别人少，但他们总是控制不住自己，虽然也知道钱的重要性，但他们过日子却总是大手大脚，不注意节俭，有事没事总爱往商场跑，见到中意的东西就想掏钱包，虽然回到家常常会后悔，但是到了下一次依然还是会如此，这就是一种无计划的消费。

无计划的消费总是会让钱很快流失。抵押贷款、购车、学费、食品、时装、化妆品等，一张张的账单，让钱如流水般就没了。意外事故和失业常常会使人们不知所措，其原因就在于此。甚至有很多人把“超前消费”当作社会时

尚的主流，尤其是80后的一代人，从不考虑自身什么条件就盲目追风，结果越忙越穷。其实，这是一种错误的理财观念。

传统穷人常给人一种斤斤计较攒小钱的印象，但是现代穷人则是疯狂购物，花钱不眨眼的人。穷忙族也许有钱，也许没有钱，但是过日子大手大脚却是个问题。当他们花钱时，根本没有考虑这些钱带来的价值和造成的影响，这是穷忙的内因所在。

张超在国内一家知名软件公司当工程师，主要工作是在项目小组中和其他同事一起从事开发、测试以及售后服务工作，薪水每个月是7 000元。

从上大学起，张超就酷爱玩大型攻略游戏。在他看来，玩游戏可以帮助自己更好地培养对计算机学科的兴趣，有利于学习和掌握专业知识。于是，《石器时代》、《传奇》、《诛仙》都曾让他沉迷其中。在游戏中，道具的威力不可低估，但对于当时身为学生的他，面对昂贵的报价，他只能望洋兴叹。上班后，他对游戏的爱好有增无减。有了收入后，对道具的热切渴望终于得以实现。在游戏装备中，《石器时代》里价值6 300元的圣兽朱雀、《传奇3》里价值6 800元的破山剑，都已不能满足他的胃口，后来他又盯上了《热血传奇》中价值20 000元的屠龙刀、40 000元的传送戒指。随着玩游戏时间的增多，他购买道具的价格纪录仍在不断刷新。

为了购买装备而大手大脚花钱的张超，也成了一个入不敷出的月光族。于是，他只好跟着父母一起吃住，变身“啃老族”。最近，他交了个女朋友，经济压力更大了。他原本指望公司能给自己加薪，但是受到经济危机的冲击，公司的经济效益有所下滑，原本所承诺的加薪，一时半会儿是很难实现的。因为，张超后来一直都是入不敷出，而且由于长时间坐着玩游戏，他明显感觉自己体力大不如从前。身体和金钱的双重压力，让他开始意识到自己这么大手大脚花钱的严重性，但是对于已经形成的习惯，却很难从根本上改变了。

不良消费习惯导致原本收入不低的张超成了穷忙一族，花钱习惯对一个人的影响是不可小觑的。如果知道自己的花钱习惯不好，还不下定决心改掉，那么就很可能一直在穷忙里兜圈子。

花钱也是一门艺术

一个周末，几位身份显赫的企业家从一家不大的酒店房间里走出来，其中一位是汽车大王福特。福特手里拿着一张账单走向服务生，微笑着说："小伙子，你看是不是有一点儿误差？"

服务生很自信地回答："没有。"

福特宴请的几位朋友已朝门口走去，他却很有耐心地站在柜台前："你再仔细算一算。"

看着福特认真的样子，服务生不以为然地说："是的，因为零钱准备得很少，我多收了您50美分，但我认为像您这样富有的人是不会在意的。"

福特坚决地纠正他："恰恰相反，我非常在意。"

服务生只得低头花了一番时间，凑够50美分，递到一脸坦然的福特手中。

看着福特快步离去的背影，服务生低声嘀咕道："真小气，连50美分也这么看重。"

"不，小伙子，你说错了。他绝对是一个慷慨的人。"目睹了刚才那幕情景的一位顾客站起来说，"他刚刚向慈善机构一次捐出5 000万美元善款。"

他拿着一张最新的报纸，将上面的一则报道指给服务生看。服务生大惑不解，不明白如此大方的福特，为何还要当着那么多朋友的面，计较区区的50美分。

"他懂得认真地对待属于自己的每一分钱，他知道这应该取回的属于自己的50美分和慷慨捐赠出5 000万美元，都很值得重视。"就在福特这一看似不经意的小事中，这个服务生忽然领悟到了自己渴望已久却一直不知道的致富秘诀，那就是——没有任何理由不认真地对待属于自己的钱，无论它多如5 000万美元，还是少如50美分。

福特"吝啬与慷慨"的故事启示我们：对于自己应得的金钱，即使再少也要努力争取；对于应该付出的金钱，即使再多，也绝不吝啬。只有学会这样管理自己的金钱，才会成为真正富有的人。

善于使用金钱的人一定不会浪费、糟蹋金钱，哪怕是一笔再小不过的开

支，也会谨慎处理。不过，一旦遇到能够获得巨大收效的战略决策时，绝不会吝惜金钱，即使投下数目再大的钱也不会皱一下眉头。事先区分“投资”行为与“消费”行为，花钱的时候先弄清楚，这个消费是属于“投资”行为还是“消费”行为。花费在“投资”行为上的钱，会物有所值，甚至物超所值；花费在“消费”行为上的钱，则会在不经意中打了水漂。

谨慎与大气结合在一起，才造就了福特这样的一代汽车大王。会用钱的人跟一般人不同的地方，就在于是否能把金钱像用墨一样，把惜墨如金与用墨如泼相结合。

省钱是一种生活态度

大家都知道累积财富无非是开源和节流两种方法，相对于开源来说，节流似乎更简单些。

从古至今，节俭都被奉为中华民族的传统美德。当今社会，节俭的人却常常被一些人嘲笑是小气、抠门，但是，在穷忙族成为省钱达人之前，先要确定一个宗旨：省钱，是为了改善生活质量，并非降低生活质量。当我们盲目地开始省钱，戒掉去心爱的餐厅吃饭的习惯，戒掉逛街，戒掉和朋友在酒吧谈天说地，戒掉去电影院……我们的生活还能剩下什么？难道只是纯粹地作为一个生物活在这个世界上，失去任何乐趣吗？如果你打算这么做，那么很不幸地告诉你，你的省钱计划不出一个月就会举白旗。只有在保证了生活质量的情况下，才能够开始省钱，这非常重要，因为它将决定你能持续多久。

省钱并不是让你变成一个守财奴，锱铢必较，一毛不拔。定期下馆子、逛喜欢的百货公司、和朋友们外出消遣，如果取消这些活动让你感到沮丧的话，请继续，但是这并不代表你被允许胡吃海喝和刷卡血拼，你要记得只买可以装进肚子的，不买需要倒掉的；只买能用上的，不买用来囤积的。穷忙族的消费水平可以很高，但是，在你踏入25岁后，你需要开始设计自己的将来。省钱是一种负责的生活态度，不仅仅是为自己。

真正的富人都能正确地对待金钱。普通老百姓之所以羡慕富翁，是因为在他们的想象中，富翁一定都过着挥金如土、享尽荣华富贵的奢侈生活。然而，根据许多案例我们发现，真正的富翁绝对是勤俭持家、毫不浪费的人。

华人首富、亚洲投资界的“超人”李嘉诚先生之所以把资本运作得如此之大，这跟他会节俭和会理财是绝对分不开的。他参加活动时从不讲究自己着装的品牌，穿的都是十年前做的西服，戴的是日本的廉价手表，脚上穿的是经过几次修补的鞋子，住的还是30年前的房子。

李嘉诚知道金钱的重要性，懂得珍惜手上的每一分钱。有一次，他上车掏手绢时带出的一枚硬币掉在了地上，他不顾车外下着的雨坚持要下车去捡，后来有人帮他捡起了那枚硬币，李嘉诚付给了这个人一百元钱作为报偿。周围的乘客对李嘉诚的做法感到困惑不解。他说，那一枚硬币如果不捡起来，可能就会被雨水冲走，浪费掉，而这一百块钱却不会。

还有一次，他在澳门参加一个招待会，被安排坐在宴会大厅的中央主席台上。当宴席快要结束时，李先生看到他桌上的一个盘子里剩下两片西红柿，就笑着吩咐身边的一位高级助手，两人一人一片把西红柿分吃了，这个小小的举动感动了所有在场的人。

还有世界船王包玉刚的父亲包兆龙拥有不少财产，但是他在穿着上从不追求名牌，一件衬衣往往穿到后领都磨破了也不舍得扔掉，他生前立下遗嘱，内容之一竟是要在他去世后，把他穿过的衣服送给孙子们留念。受父亲的影响，包玉刚也养成了勤俭节约的习惯，喜欢写纸条传达指令，这些纸条不但是用粗劣的薄纸写成而且会把写的字撕成一张长条子送出，这样的话，一张信纸大小的白纸就可以写三四次。

在国外，世界首富比尔·盖茨也不会为了显示自己富有而摆阔。有一次，比尔·盖茨和一位朋友开车去希尔顿饭店，到了饭店前，发现普通车位几乎被占满了，而旁边的贵宾车位却绰绰有余。朋友就建议把车停在那儿。比尔·盖茨知道这儿要比普通车位贵好多，就拒绝朋友说：“那可不是个好主意，他们超值收费……”

“我来付。”朋友坚持说，但是比尔·盖茨一直坚持要找个普通车位。

比尔·盖茨并不是小气，更不是没有钱，而是讨厌物不等值，只要是对应花的钱他从来不会吝啬，这些年来他为慈善机构所捐的款额就足以说明。

还有19世纪美国著名的大财阀洛克菲勒，他到98岁的时候拥有资金10亿美元，捐掉7.5亿美元，实际上他比比尔·盖茨少不了多少。他到饭店住宿，从来都只开普通房间，服务生很是不解地问："您的儿子来都是选择最高档的房间，为什么你选择最便宜的呢？"洛克菲勒回答说："因为他有个有钱的老爸，而我没有。"

如果你因为过于在乎自己的脸面，不得不用穷忙来自我装饰的话，你有必要学学这些真正的有钱人对待金钱的态度，自然地对待金钱不仅使自己活得轻松，而且更能显出你的内外修养。

有钱人之所以有钱，不是没有道理的，他们除了会赚钱之外，还懂得如何省钱。

合理安排自己的开支

穷忙族为什么越忙越穷，因为尽管他们通过自己的努力挣了不少钱，但是由于他们花钱无度，所以总是入不敷出甚至负债累累。而有钱人为什么能够积累大量的财富，是因为他们懂得量入为出，把钱花在该花的地方。

量入为出的意思是根据收入的多少来决定开支的限度。量入为出是我国古代哲人对当家理财的精髓总结，在今天仍具有重要的现实意义。

量入为出从来就是人们理性消费的基本原则，如果我们不按照这个原则来安排生活的开支，很容易造成财务的混乱。也许有人会说："这个道理我们知道。这叫作节约，就像吃蛋糕，蛋糕吃完了就没有了。"但是知道是一回事，能不能身体力行又是一回事，很多人就是在明知这个道理的情况下破产的！

在日常生活中，我们应该养成量入为出的习惯。下面的一些诀窍，可以帮助我们养成和巩固这样的习惯。

一是列出预算。通过编制家庭财务预算，能有效地控制家庭经费。预算一

旦编好后，家庭的每位成员，都知道有些什么可用，而且可以作为当月开销的准则。

二是别充阔佬。你的钱袋中最好不要夹带一打大面额钞票，少带些钱，够紧急的开支就行。如果身边没带钱，便不会大把地乱花了。

三是身边勿带自动提款卡。一旦你把提款卡带在身边，你的钱就易取易花，提款的次数愈增多，就愈难以收支平衡。最好将提款卡放在家中隐蔽又安全的地方。

四是设置零钱盒。每天回到家后，要先把提包和口袋掏空，把所有的零钱投入到零钱盒里，以使“聚宝盒”成长快速；当然，你要在口袋中留足坐车用的零花钱。

五是养成储蓄的习惯。当你在超前消费的诱惑下，或者冲动购物欲亢奋时，最好牢记一条重要的原则：储蓄一部分钱作为未雨绸缪时的打算。

六是理性对待促销打折。每逢节假日，打折促销的广告随处可见，原本没有购物的欲望也被这些打折促销的诱惑条件吸引了。这家商铺打着“满200减100”的招牌，那家写着“满200送200”，消费者看着平时消费不起的商品此时如此优惠，难免心动。

其实这些打折手段，往往只是为了吸引人的眼球。作为消费者，更应该要保持清醒的头脑，不要被这些看似优惠的表象所迷惑，即使商场的折扣再大，也要货比三家后再购买，同时，在对待一些组合优惠的促销手段，消费者需要考虑自己的实际需求，不要纯粹为了凑够一定的消费金额而买下许多用不着的东西。

七是购物要有目的。去购物前，最好先列一个清单，列出自己需要购买的物品，这样既可以防止自己忘记购买所需的物品，又可以让自己直奔目标，购买完清单上的物品后就可以离开，以免被其他的商品所诱惑。同时，可以准备一个计算器，我们往往买完东西结账时会发现，买的东西超出了自己的预算，带着计算器，就能时时提醒自己花了多少钱，避免沉浸在购物的乐趣中。

不要想着挣更多的钱来摆脱现在的窘况——更多的钱，意味着更多的压

力、更多的工作、更多的挥霍。合理安排自己的花费，要进行理智、健康的消费，适度提高生活质量，而不是盲目虚荣。

消费是人类生活的必需，每个人需要不断地进行消费，才能生存和发展。在商品经济社会中，商品要用货币来交换，从这个角度上讲，消费就是分析怎样花钱。一般人的观点是："只要有钱，人人都会花。"但是，钱是否花得合理、恰当，是否实现了个人效用最大化，却是大有学问。消费一定要量力而行，资金方面应给自己留有更大的余地，千万不要做到刚刚够，否则你就会面临很大的压力。

1. 把支出记在一个笔记本上。

许多世界闻名的作家、富翁都有记录自己财富收支情况的习惯，这么做是为了让自己心里有数。我们也可以这样，把自己每个月的收支情况做准确的记录，这样可以使我们知道钱花到哪儿了，然后还可依此做一下预算。

2. 找出一个适合你的钱财预算。

预算的真正意义，在于给我们物质安全和免于忧虑。史塔普里顿夫人说："依据预算来生活的人比较快乐。"

你首先应该把所有的开支列出一张表，然后把所有的收入也列成那样的一张表，对照之后，你就知道该怎样花钱了。此外，你还可以咨询投资公司，听听专家的理财建议。

3. 学会如何聪明地花钱。

会花钱就是能够使钱的价值得到最大地实现，让每一分钱都花得值。会花钱的人能够用最少的钱办最多的事，用最少的钱买最好的东西。这就要求消费者不要盲目购物，更不能冲动购物。

4. 不要做"收入增加一分，铺张浪费两分"的傻事。

生活中常常有些人为自己的收入而烦恼，有人因为收入低，有人因为花费高，还有人因为收入提高了欲望也增加了。有些人因为收入的增加而铺张浪费，等他们发现时存款上的赤字已经太高了。按预算花钱，收入多可以多花，收入少就要少花，不要背上债务危机。

切忌单纯为了花钱而花钱

消费对于富闲族来说，就是一种娱乐，他们通常会认为把太多的钱放在身边等着贬值，不如用来换取快乐。

周琦就是其中的一个，飙车、赛艇、潜水、泡吧、蹦极，不在乎花钱多少，就图玩个痛快。不过，她花心思最多的还是用在衣服和化妆品上。逛街是周琦最大的爱好，每次逛街她都要买回一大堆衣服和化妆品，按她的话来说，“女人就该把钱花在自己身上”。有一次在商场，周琦看到一套漂亮的时装，刚刚开始流行的款式，她试穿了好久，很是喜欢，一问价格，上衣要3 980元，裤子要2 780元，虽然大手大脚惯了，但也觉得有点贵，心里便有些犹豫。等过了几天再去时，发现那套衣服已经被人买走了，于是她懊悔不已。自此以后，只要看到自己喜欢的衣服，不管多贵她都会买下来。

在周琦看来，她所花的每一分钱都是为自己的需要——生活的需要、精神的需要，尽管在普通人眼中这是一种奢侈、浪费，而在“富闲人”眼中这就是一种娱乐。

消费解压，是西方国家传入中国的一种减压方式，但其对穷忙族并不合适。虽然消费短时间内会给人带来极大的满足，但消费过后，资金上的缺口更让人感觉难受。然后因为缺钱而赚钱，为了存钱而加班，只能越忙越穷。

据有关抽样调查结果表明，大约有13%的人在潜意识里有一种控制不住的购物欲，不知道要买一些什么东西，要达到什么用途，但被花钱的瞬间快感所左右，经常花了一些不该花的钱，买了一些根本不需要或用处不大的东西。对于这种不良的消费心态要尽量加以克服，学会把钱花在刀刃上。

当你非常希望拥有某件奢侈品的时候，请不要立即掏出钱包，而是等待，一个月或者更长的时间过后，把它从你的等待列表中翻出，看看你是否依旧希望拥有它。也可以建立一个“日薪原则”，例如，你每日的薪水为100元，而你希望买一个2 000元的游戏机，那你需要等待20天，等自己努力工作20天后，再回头看看是否真的想买它。等待可以让你分辨出哪些是你真的希望拥有的物品，而哪些仅仅是一时冲动希望抱回家的，想好了再买总比买完后悔去退货来

得容易。

我们在提倡理性消费的同时，要注意克服“赌气消费”的心理。人在心境不佳时，往往出现一些不明智甚至是怪异的举动，以此发泄心中的烦恼、郁闷和不满，寻求心理的平衡。赌气消费，在很多人看来，是信手拈来、随处可见、最能见效的方式。赌气消费念头无处不在，通常听见的借酒浇愁、抽闷烟、胡乱买一些不需要的东西，将家里常用的东西打坏后再买等。至于赌气消费的念头，几乎人人都有过。殊不知，这是一种极其不理性的消费方式，往往会让你不知不觉中花去许多冤枉钱。

一些有过切身体验的穷忙族建议，如果真想减压，不如多去运动运动，不但经济省钱，而且看着自己身体健康，也能得到一种很大满足。

玩转信用卡，避免成为“卡奴”

看到一个很想要的包包，看到一件很合身的衣服……但是这个月的工资已经花得所剩无几了，只能失望地放弃了。相信每个人都有过这样的经历吧，但是现在不一样了，有一张卡片帮我们改变了这样的生活，那就是信用卡。

信用卡对于一般的工薪族来说，都不陌生，只要有固定的收入，都可以轻松办理信用卡。日常消费可以为自己办理一张信用卡，信用卡具有透支功能，同时信用卡还和很多商家都有合作，使用联名信用卡都会有一定的优惠活动。并且日常消费积累到一定的积分，还有机会获得额外的惊喜。诸多优点加起来，工薪族几乎人手一卡甚至有些人手多卡。

“提前享受生活”、“花明天的钱圆今天的梦”，在一个个诱人的口号下，贷款买车、买房、买家电、买衣服，信用卡透支消费正成为很多年轻人生活中习以为常的行为。一项针对中国年轻人消费观念的调查表明，有57%的人表示“愿意用明天的钱做今天的事”。

信用卡的“先消费、后还款”满足了众多工薪族的时时难耐的购物欲望，在每个月薪水还没发下来的时候，也可以享受消费的快感。信用卡消费带来的便利让“卡民”数量日益庞大，而“卡奴”族群也在日益壮大中。

一些年轻、冲动，敢花钱的人是银行最欢迎的一类客户，他们有一定的收入，好强，要面子，喜欢光鲜的生活，生活有滋有味，基本靠刷卡消费。买衣服和化妆品、下馆子泡吧，刷起卡来毫不眨眼，但是，只有等到自己拿到账单的时候，才发现发薪日变成还债日，刚刚拿到手的工资，一大半交给了银行。从某种意义上说，信用卡的出现和普及，拉动和刺激了消费，带来了经济的发展和繁荣。但是，对持卡人来说，超前消费给自己的经济带来了巨大的压力，以致影响正常的生活。

尤其是不能在免息期内把透支的金额还清，会产生循环利息，而这笔利息就像是雪地里滚雪球，越滚越大。由于很多人不懂得量入为出的道理，甚至有人将依次借债视为提前享受生活的方式，他们办有不同银行的信用卡，还有人一口气办了十几张，为的就是“以卡养卡”，这种貌似时尚的理财之道，实则已坠入循环利息的恶性循环中，最终是欠款数额不断增加。无度使用信用卡容易陷入“以债养债”恶性循环，让自己陷入到“卡奴”的怪圈里不能自拔。日益增多的“卡奴”背后，逐渐浮现信用卡存在的隐患。

才上班两年的陈小姐是铁杆超前消费迷，在她的观念中，刷卡消费就是用别人的钱充实自己的生活。在她最初透支第一张卡，每月都能即时还款时，她确实得到比别人快又多的享受。但是，随着她超前消费意识的日益膨胀、市场诱惑日益增大，仅仅透支一张卡已远远不能满足她的需求。为了在免息期内可以支付第一张信用卡的欠款，她又在另外一家银行申请了第二张信用卡以还清第一张卡的透支，后来又申请了第三张、第四张，如此“卡套卡”，形成了循环透支。而到了最后，由于透支过多，无法在免息期内还清，每个月要负担高额的利息，陈小姐也变成了一个标准的“卡奴”。每到还款的最后截止日，陈小姐就为自己之前的过度消费“痛不欲生”。最后，还是父母出面帮助她还清了欠银行的两万多元债务。为此，陈小姐十分内疚，她说，上大学时就已经花了父母的近十万元钱，如今上班了，不仅不能向父母交钱，还要连累他们帮助自己还债。“都是信用卡把我害的！”她这样抱怨。

很多卡奴都是因为控制不住自己的消费欲望而过度地透支，这样一来，每

个月的工资一发下来，就只能到银行还贷。渐渐地工资也不够支付，很多人想出了没办法的办法，多办几张信用卡，用其他没有到还款日期的卡套现，取出现金先还上一笔到期的欠款，但是，一直下来就是一身债。“以债养债”只能撑着过一时，而不可能是一世。“以卡养卡”“以债养债”最终是要用自己的现金全额还款的，国外曾出现持卡人在刷爆多张信用卡后破产的例子。但中国还没有个人破产的相关法律，一旦出现信用卡刷爆，连每期最低还款额也不能支付的情况，就意味着个人信用的破产，银行会视此类情况为恶意透支，银行会将相关当事人列入黑名单，限制其申办按揭贷款，或降低其最高贷款年限。对于所欠款项，银行也会通过法律途径进行追讨。

过度透支信用卡既会增加手续费和利息支出等持卡人的财务成本，也会形成寅吃卯粮的不良消费习惯，使自己的经济陷入困境。年轻人经济刚刚独立，首先要养成良好的理财习惯，过一种财务上有节制的生活。

我们应该清楚信用卡基本的功能是用来消费的，是一种辅助的支付结算工具，切不可将属于债务范畴的信用额度当作收入来使用。通常比较鼓励刷卡消费，但并不鼓励用信用卡透支取现。因为和信用卡刷卡消费相比，信用卡透支取现由于没有免息期，所以成本要高得多。信用卡取现容易让人陷入“拆东墙补西墙”，“以债养债”的恶性循环中。如果循环往复地处于消费、还款、支付利息的状态。一时消费的快感会被接踵而至的还款账单冲淡，甚至出现焦虑影响健康。

如果你无法压抑自己刷信用卡的欲望，请不要办理信用卡或者将已办理的信用卡注销，否则，你永远无法逃离这个大黑洞。

根据统计显示，持卡消费者一般比用现金购货的购买欲高10%。因此，为了更少地花钱，要少用甚至不用信用卡。

记账让钱花得明明白白

很多人会觉得，记账是一件很烦琐又没有意义的事，每天的花销无非是吃喝拉撒之类的小事，花时间和心思在上面有什么意义。然而，如果不从小事做起，又如何做好大事呢。

定期记账，知道自己的钱花在了什么地方，以便对下个季度的消费计划做出调整，把省下来的钱存进银行或者请专业人士为你设计投资理财计划，当你在工作两年后依旧在每个月底发愁，你需要停顿下来，好好想一想，你的钱都到哪儿去了。

也有人会觉得，记账会让人变得小气、斤斤计较。其实，这只不过是那些害怕面对自己糟糕的财务状况的穷忙族的借口。难道一掷千金、纵情挥霍就是大气的表现吗？我们应该要摆正心态，记账和小气没有关系。一个人想要生活平稳，那么个人与家庭的收支平衡就至关重要，要达成这种平衡，要先从记账开始。

首先，记账不能是简单地记流水账、要分账户、按类别。

记账贵在清楚地记录好钱的来龙去脉。每个人的生活资源都很有限，每一方面的需要都要适当地去满足一下，而从平日养成的记账习惯，我们就能清楚地得知每一项目花费的多寡，以及需求是否得到了适当的满足。在谈及财务问题时，一般有两种角度：一种是钱从哪里来，也就是收入方面的问题；另一种是钱到哪里去了，也就是支出方面的问题。我们每天的记账，都必须清楚地记录好金钱的来源以及去处。

记账主要分收、支两项，然后在这两项里面继续细分。比如支出，一般可以分为衣、食、住、行、用、通信、教育、娱乐、其他等九大类，也可以根据个人的情况再增加类别。另外，有些人虽然每天都记账，记的却是糊涂账，也就是只记录总额，而没有记录详细的项目。例如，如果到大商场购物共消费2 875元，应该将每项购物分类记录下来，而不能只记下花了2 875元这个数目，这样不仅无法了解金钱的流向，记账的目的也达不到。

第二，要记好账，就要养成收集单据的习惯。

如果说记账是理财的第一步，那么集中消费单据就是记账的首要工作。因此，我们在平日里消费时一定要养成索取发票的习惯。在收集的发票上，我们要清楚地记下消费时间、金额、品名等项目，如果单据没有标志品名，最好马

上自己动手标记。此外，银行扣费单据、借贷收据、刷卡签购单以及超市购物小票，都要一一保存，最好摆放到固定的地点。凭证收集之后，要按消费性质分类，把每一项目都按日期顺序排列，以方便日后的统计。

第三，千万不要因为钱少就不记账。

如果你养成了记账理财的习惯，你就会发现，每天看似不起眼的琐碎开销，经年累月之后都会变成一笔可观的支出。例如，你每天多喝一瓶饮料，以每瓶3元计算，一年就会多花1 095元。而类似这样的消费，在日常生活中并非必要的开销。事实上，记账的原则就是要滴水不漏，任何一笔小钱都要记录下来，因为日常生活中有一些不容易被注意到的开销，比如逛街逛累了坐下喝的茶、可爱的小玩意，长久累积下来，也是一笔不小的数目，通常记账可以让我们看到这些非必要的开销。

第四，记账一定要做到准备、及时、连续。

记账的准确性就是要保证记账记录的正确。如何保证呢？一是记账方向不能错误，如收入和支出不能弄反了。二是收支分类要恰当。每笔记账记录都必须对应正确的收入分类，否则分类统计汇总的结果就会不准确。对综合收支，最好分成三笔进行记账。三是金额必须准确，最好精确到元。四是日期必须正确，收支当日就是准备的日期。特别是跨月的情况，最好不要含糊，因为在进行年度收支统计时，需要按月来汇总。

及时就是要保证在收支发生后就及时进行记账。因为时间久了，就可能会遗忘，当时那笔收支就可能含混不清，也容易引起数目上的误差。及时记账才会有理财的效果。

记账的连续性就是必须保证记账是连接不断的。千万不要有三天打鱼两天晒网的现象，如果不能长期坚持下去，记账就没什么作用了。

对于大多数人来说，记账的确是件很烦琐的事，坚持一段时间很容易让人想打退堂鼓。很多记账失败的人，大多是因为这个原因。如果你想早日走出穷忙的圈子，那么就必须要有长远的打算和坚持的恒心。

[第八堂课]

摆脱穷忙族的状态：以钱赚钱才能赚到钱

穷忙族一天十几个小时都在拼命地赚钱，富闲族却是一周才花十几个小时在赚钱，但是穷忙族花这么多时间所赚的钱常常才够富闲族赚的钱的零头。如此巨大的落差在于，穷忙族是“以人赚钱”，而富闲族是“以钱赚钱”。

理财是一门必修学问

说到理财，许多人都会觉得事不关己，“既然要理财，没财还理什么？”其实，理财并不是有了财富以后才开始做的事，而是一个人生的钱财规划与管理，从无到有、从少变多，进而创造并累计财富，乃至享受财富的过程。

人生要有规划，钱财也要有规划。每个人的一生都会和钱财接触，想躲都躲不掉，人要不理财都不行。现在努力工作是为了我们的生活可以过得安逸一点，可以早日退休安享晚年，所以理财也是一种未雨绸缪的行为，现在所理的是未来的财，让未来人生的日子能好过些。

有钱人要理财，没钱人也要理财。有钱人会理财，才不会被钱所困，滥用金钱会导致倾家荡产；没钱人会理财，才能积少成多，让小钱变大钱，慢慢成为有钱人。人会理财，财就会理所当然地听人使唤。现在不理财，将来便无财可理，财也不会理你。尤其在不景气的时代，钱要放在哪里最安心？

存在银行赚利息少、买股票怕被套牢、投资做生意有风险、留在身边怕花掉、借给别人恐怕有去无回……有时想想，有钱还真烦恼。想要有钱不烦恼，就要学会理财。

处于现今赚钱不易的年代里，更加突出理财的重要性。如何理财？就要靠智慧，培养出专业理财的知识，赚多花少勤投资，十年、二十年后就可以享受财务自由；赚少花多又不投资，则注定一辈子要围着钱打转。懂得理财，就能在钱海中，悠然自得，游刃有余。

金钱不是万能的道理，人人都能认同；没有钱是万万不能的观念，更是大家公认的。家庭日常生活都需要钱，所以懂得理财更是现代人必须面对的实际问题。其实，无论是穷人、富人，是“大人物”还是“小人物”，都能通过投资理财实现致富之梦，只要你懂得投资理财之道，运用科学合理的方法去经营运作，让自己变得更加富有，是没有什么不可能的。

李斌2005年大学毕业后，在深圳某公司办事处工作，由于他聪明好学，很快掌握了工作中的相关技能，并得到同事的认可和领导的赏识。工作不到一年，李斌的工资也由初进公司的每月3 500元一路上涨到每月7 000元。

虽说工资上涨不少，可他仍感觉财富增长的速度太慢，因为深圳的房价在2万元左右一平方米，一套两居室的房子少说也得150万。工作2年下来，他只存了7万元，想一想如果自己要买房子，交首期加装修至少也得要用50万元，可按照这个存钱速度，如果自己在30岁之前结婚，婚前根本不可能拥有自己的房子。

就在李斌发愁之际，在银行工作的哥哥推荐他购买招商基金。伴随着股市的上涨，基金行情也一路看好。于是他便采取激进的投资组合方式，购买了招商旗下不同的基金，其配置比例为：安本增利15%，核心价值30%，优质成长55 %。在经历基金的高回报以后，再加上银行购房贷款，购房首付资金已经解决，现在李斌已经在深圳购买了房子，他正准备继续购买基金理财，使自己尽早还清贷款，甚至能开上一辆新车。

试想一下，如果李斌一直只是在那里拼命工作，熬夜加班，只为了存更多工资，他的身体和精神能承受多久？这样何时能买房，更别谈买车了。所以，学习理财投资的技巧，不仅可以帮助你拥有更多的财富，而且这也是一种积极而健康的现代生活方式。懂得理财投资，为自己构建一张完美的投资理财蓝图，用以帮助你从自己的收入中得到更大的好处，提高自己的生活品质，无论是对自己、对家庭还是对整个社会而言，都是一件很有意义，很有价值的事情。

理财是一种生活方式的选择。人人都能成为富人，成为富人不是命运，也不是运气和机遇，而是选择——一种富人的生活方式和思维方式的选择，一种富人的价值观的选择。要做好理财，当然要掌握各种理财的知识。

《伊索寓言》中有这样一个故事：一位富人把金子藏在花园的树下，每周挖出来自我陶醉一番，然而有一天他的金子被一个发现秘密的贼偷走了，此人捶胸顿足，痛不欲生。邻居们都来看他，并询问事情的经过：你从来没有花过钱吗？他回答：没有，我只是每周挖出来看看而已。邻居告诉他，这样说来有没有这些钱对你来说不都是一样的吗？

这个故事让人不禁哑然失笑，然而现在，这样的“富人”在我们的生活中比比皆是。为了积攒财富，这也舍不得买，那也舍不得花，看着存折上的数字越来越高，心里充斥着一种满足感，每花一分钱，都感到无比痛心。面对财富，我们不能只做守财奴。

我们应该知道，理财的最终目的是为了让家人的生活质量不断提高，如果像这位富人一样，只攒钱，不花钱，那即使他的收益再高，攒的钱再多，也不能算得上是科学理财，最多只能说他“很能攒钱”。因此，理财计划中要有消费计划，在保证正常家庭开支的情况下，适当加大旅游、文化、子女教育类的消费。这样，生活质量提高了，我们才会有更多的精力、动力和信心去赚更多的钱。

不要忽略“小钱”的重要性

从前，有一个大臣为他的国家立下了不可磨灭的功劳，国王为了要重重奖

赏他，就承诺答应他提出的任何条件。这位大臣不慌不忙地说："我只有一个条件，就是把一个棋盘装满米粒，但是必须按照在棋盘的第一个格子里装1粒米，第二个格子里装2粒米，第三个格子里装4粒米，第四个格子里装8粒米这样来装，依此类推，直到把64个格子装完。"

国王听了哈哈大笑起来："这个条件不算什么，我满足你！"于是，国王就吩咐手下人员照此去办，一个格子一个格子地填米粒。开始的时候，那些棋盘并不需要很多的米粒，但是越到后面，那些棋盘需要的米粒越来越多，棋盘完全装不下了，只有改用麻袋，后来麻袋也装不下了，就改用小车，负责数米粒的人员累得满头大汗，几乎昏厥过去，那几个格子像是无底洞一样，怎么也填不满，后来小车也装不下了，还没等到想出更大容量的器具来，粮仓就已经空了。国王见此，慌了手脚，才发现自己上了当，这位大臣果然是足智多谋。

这个故事告诉我们基数再小也是不可以忽略的，一旦实现以几何级的倍数增长，一个小小的数也可以变得难以计算。穷忙族应该清楚，要摆脱穷忙的宿命，就要学会运用这种方法实现财富的增长。

除了含着金钥匙出生的富二代，对于大多数人来说，财富的积累是一个过程，尤其是在开始的时候。日常生活中很多费用是没有必要浪费的，这些金额看似不起眼，但长年累月坚持下来，可是一大笔钱。

有了资本意识之后，就可以开始积累的资本了。对于缺乏最初原始资本积累的穷忙族来说，开始的几年可能是最困难的几年，但只要有了一定的基础，往后会变得越来越容易。财富学中的一个定律就说明了这个道理：身无分文的人如果积累第一个一百万元可能需要十年的时间，那么，从一百万元增加到一千万元，只需要五年的时间；再从一千万元到一亿元，只需要三年就足够了。

其实，那些已经步人富闲族的成功人士在开始阶段也并不是每个人都有庞大的原始资金作基础的。比尔·盖茨，这个在今天已经家喻户晓的大富翁，不是因为有钱才创立了微软，而是因为创立了微软才成为巨富的。他在创业的时候只是一个既没有钱也没有名19岁的孩子，但是他在长达十年的时间里

一直在不断努力，不断奋斗，终于将微软打造成一个世界性的软件巨头，这为他开启富闲人生奠定了雄厚的物质基础，从此在通往富闲的道路上越走越快。由此可见，对于穷忙族来说，改变自我命运的关键一步在于如何拥有“第一粒米”，有了第一粒米，才会有后面的麻袋、小车，才会有挡都挡不住的滚滚财源。

美国一位卖车冠军的超级业务员，以其多年的销售经验，归纳出“一等于二百五十定律”，意思就是不要轻视每一个客户，因为假设每一个客户平均有两百五十个朋友（或朋友的朋友），代表他的背后有两百五十个潜在客户，他帮你说一句话，比你自己说十句话还有用。

换言之，只要这个汽车销售业务员，成功地服务好一位顾客，让这位顾客感到十分满意，他会介绍给朋友，朋友还会介绍给朋友的朋友，如此一传十，十传百，连锁效应，就会达到“一等于二百五十”的惊人效果，伴随而来的就是丰厚的业绩及奖金收入。

还有一位专家提出“零与一百定律”，就是当某一件事，你只是想而不去做，所得到的结果必定是零分；如果你去做而成功的话，就得到一百分；就算不幸失败，最坏的结果也不过是零分。

其实，有许多事，包括求学、考试、工作、恋爱、婚姻等成家立业及理财致富的大小事，如果一个人不去做，完全没有作为，结果一定是零分，永远不会有任何效果。如果全力以赴，就有获得一百分的机会，就算没有一百分，也多少有点成绩，或积少成多，多少会有收获，很少会有零分出现。

虽然“万事开头难”，但一旦起了头，往后的一切就容易、好办多了！尤其好的开始，就是成功的一半。

犹太人认为，零与一之间相距犹如天壤之别。从零到一，非常困难，但是一旦打破零，由零成为一，以后由一而为二，由二变为四，由四成长到一百、一千、一万……就轻而易举了。

一个人只要努力工作，想办法赚钱，就能逐渐创造财富、累积财富，由一到一百，由一百到一千，由一千到一万，进而十万、百万、千万、亿万，小钱可以变成大钱。只要去做，有所作为，就能由穷变为小康，由小康而致富，再

由小富变为大富。所谓积小成多，聚沙成塔，无论是赚钱还是省钱，都要从小钱开始。

理财也是一样，并不在于财富的多少，俗话说“时间就是金钱”，理财最厉害的武器就是时间，通过时间来为财富增值。哪怕一个月拿出500块投资，年收益6%。经过复利的循环，则20年后，回报你的将是25万多。所以，并非小钱理不了财，而是你没有去想如何利用小钱理财，只要有理财的想法和行动，小钱同样可以理。

合理的投资，让钱“生”钱

怎么样才能把自己所拥有的财产实现快速的增长，穷忙族和富闲族选择了不同的方式和途径。穷忙族依靠勤勤恳恳的工作来换取薪酬，平时也不敢过度享受，然而忙了半天，结果不是财产增长的速度像蜗牛爬得一样慢，就是忙了半天财产没有一点增长，白忙活一阵。我们一直都对按劳分配、多劳多得的制度深信不疑，但为什么会有这样的结果呢？按劳分配并不是按你的劳动量来分配，而是要根据你生产出的实际价值获得收入。只有你创造更大的价值，你所获得的收入才会越多。如果你的劳动不能创造任何价值就等于在做无用功，当然就无法换来财富的增加。与穷忙族不同的是，富闲族则主要靠资本增加财产，这样不仅不用辛辛苦苦的劳动，而且财产的增长速度也快。

通过分析富人的成长史我们发现，无论你出身如何，你都能通过投资理财实现致富之梦。事实上，如果你科学理财，投资得当，也可以走向财富的康庄大道。当然，从身上没有几张钞票到腰缠万贯，肯定要走一段很长的路。

想要通过理财投资，谁都可能致富。然而，这只是可能。要想把可能变成必然，你需要首先拥有的并不是理财的技术，而是一些比纯技术更重要的东西，比如，强烈的致富愿望、明确的理财目标和可行的理财投资计划。

“穷忙族”只知道消费，却不懂得这样与生财之道是背道而驰的。首先一

点就是要有强烈的资本意识。一些穷忙族的可悲之处在于不仅没有资本，而且没有资本意识，没有经营资本的经验和技巧。

资本是能带来价值的基础，金钱则是资本的一种表现形式，但是在穷忙族看来，金钱就是用来消费的，有了10元，他们不会想着怎么让这些钱实现鸡生蛋、蛋生鸡式的增长，而是花费在柴米油盐酱醋茶上面了；有了100元，就想着下馆子大鱼大肉；有了500元就想着出去旅游了；有了100万元迫不及待地买房子或车子，好让自己和别人知道自己没有白忙活。但这些东西是不能增值的，反而消耗钱财。有了车，就有了汽油费、养路费、修理费、保险费，就算你停着不动，那一笔停车费也够普通穷忙族多少天的伙食了。赚再多的钱如果只出不进，要不了多久就会耗光。把金钱变成了自我消费的实物，金钱便不再以资本的形式存在，就等于断了生财的门路，要想有更多的钱只能辛辛苦苦地去赚，只能一辈子地忙碌下去。

等工作三五年之后，手上有了一定的积蓄，生活有了一点的保障之后，有必要开始了解创业、股票基金、债券期货、炒房等方面的知识了，这一时期要多看少做，为下一步的投资做前期准备。当然，如果发现比较好的投资机会，也可以慎重考虑后尝试着投资，但是由于资金实力还不稳固，尽量避免从事孤注一掷式的赌博式投资，否则，时运不好的话，辛辛苦苦几年攒下的积蓄就会打水漂。

当工作七八年有了房子，也结婚生子了，生活进一步稳定了，这时你便进入了理财的新阶段。首先考虑到家庭近几年的日常开支后，如果仍有丰厚的储蓄，你可以将闲余的部分资金以定存、活存、行会及公债的形式获得部分固定收入，然后再把资金投放在股票、黄金、共同基金上，这样的组合可以让你有进有退，进退自由，进可攻，退可守。

保险也是此阶段需要考虑的问题。保险投资的好处是涨了钱，不需要每年交税，成复利增长，需要用钱时，可以随时变现。除了自己买保险外，还以小孩的名义购买万能保险，受益人是自己。因为年龄和时间的双重优势，受保人和家庭都能得到非常多的好处。

然而，在这个阶段，如果经过一番精打细算之后，发现进行投资会使自己

入不敷出，基本日常生活开支会受到影响，想到自己两鬓染霜时处境会凄凉的话，那么开源节流、兼差打工的做法还是有必要的。

总之，暂时的穷和忙并不可怕，怕的就是一辈子都处于又忙又穷的状态，作为穷忙族的你觉醒得越早，知道善用资源，懂得“取势、明道、优术”，愿意寻求稳健而可观的增长，才能及早地告别“苦、累、烦”的旧生活，拥抱“快乐、成长、富足”的新生活。

对于工作繁忙的你，投资品种成百上千，如果不懂该买什么，也没时间看盘，最简单的方式就是“站在巨人的肩膀上面”，投资具有良知的企业家，凭借他们稳健、优质的企业，让你的资产稳定增值。例如，你是一个稳健保守的投资人，不妨购买一些蓝筹股，像鞍钢股份、工商银行、建设银行、中信证券、中国平安、万科A、保利地产、贵州茅台、中兴通讯、宝钢之类。尽管如此，仍然需要注意入场的时机，千万不要在高位介入，否则也难免损失。

据美国美林公司公布的第10个年度世界财富报告显示，迄今为止，全世界拥有100万美元以上的富豪人数已经超过了871万，资产增加了8.51%，而10年前百万美元富翁的人数仅仅是450万。10年后的今天，即使具有超过3 000万美元资产身家的超级富豪的人数，也增加了10.21%，达到了85 500万人。富豪的增长率在世界上并不平均，在发展中国家的增长率最高，其中亚太地区居世界首位，而韩国又位居第一（增长21.3%），中国和印度不甘落后，正在赶超日本，中国内地的增幅为6.8%，欧洲地区增幅较小，仅为4.5%，而北美洲地区依旧拥有着世界上最多的百万富豪。

那么，这些富人是倚仗什么起家的呢？答案可能非常多，但最主要的只有一个，那就是——投资理财。很久很久以前，古人已经懂得了最好的理财致富之道：以钱赚钱。这个看似很简单很平常的原则，到现在还极为有用。

要理解好以钱赚钱的理财致富之道，首先了解一下“资金”这个概念。美国石油大王约翰·洛克菲勒曾对资金做过生动的比喻：“资金对于商人如同血液与人体，血液循环欠佳则容易导致人体机理失调，资金运用不灵则会造成商场失败。如何保持充分的资金并灵活运用，是每个商人必须注意的事。”这句话既显示出了这位超级富豪的高财商，又说明了只有让资金的运转加速才能创富的深刻道理。

投资的第一桶金从何而来

对于“穷忙族”来讲，想要通过投资来致富，但是投资第一桶金从何而来？最直接的方式就是储蓄，或许也可能有其他途径，但是只要有那个决心，无论用什么方式你总可以挣到你的第一桶金。

克里蒙·史东是“联合保险公司”的董事长，他被誉为“保险业怪才”。史东幼年丧父，很小的时候，就担负起生活的重担。

5岁的时候，史东就出去卖报纸了，有一次他溜进饭馆卖报纸，被老板赶了出来。他趁老板不注意的时候，又溜了进去，这次老板把他踢了出来，餐厅里的客人看不过去，纷纷劝住老板，并且买他的报纸。史东虽然受了委屈，但想到口袋里有了更多的钱，就不再那么难过了。

史东上中学时，便开始试着去推销保险。当他来到一幢大楼前，童年时被人赶出饭馆的情景就出现在他眼前。他对自己说：“不要怕，即使被赶出来也不要紧，再去下一家。”

史东勇敢地走进了这幢大楼的办公室，而且每一间办公室他都去了，他没有被赶出来。如果在这间办公室里没有收获，他会毫不迟疑地让自己去下一个办公室进行推销，不让自己因为有害怕的时间而放弃努力。他就是这样不怕失败，而且笑对挫折。

第一天，有两个人向他买了保险。

第二天，他卖出了四份。

第三天，他卖出了六份。

第四天，他的事业开始了。

24岁的时候，史东成立了只有他一个人的保险经纪社，开业的第一天生意就不错，此后，经纪社的发展越来越强大。

30年代，史东成了百万富翁，谈及创业史时，他说："赚钱不能怕辛苦，要以坚定的态度去面对一路上的风雨和挫折。"

发财不求暴富，用不怕辛苦的勤奋精神，不怕挫折的意志力去为自己赢得更多的财富，在挣钱的过程中体验人生的滋味，更有成功的感觉，更有创造的快乐。

没有经历辛苦的赚钱过程，很难说能赚到钱。不要想一步登天，这只会让你丧失主动性，那些真正赚到钱的人，都是付出行动的人。没有经过一个付出辛苦的过程，想一蹴而就，直接进入富人阶层，从本质上说就是错误的想法。

总之，赚钱是一件辛苦的事，要想实现财富梦想，就要付出一定的代价和努力，天下没有免费的午餐，天上不会掉馅饼。

钱总是在高处，你想要发财致富，就必须付出艰辛，攀爬到高处。赚钱不是暴富，无论我们现在处于什么样的境遇，要脚踏实地，一点一点地积累财富，当你付出一定的努力和代价后，你自然会得到你理应得到的一切，只要你付出了足够的辛苦，拥有财富没有什么不可能。

很多人会觉得储蓄发财是一个无比漫长又看不到什么前途的方式。但是看似简单的储蓄理财方式，在储存财富的同时，你也储存了成功的机会。

在银行建立一个只存不取的账号，每月定期从你的工资卡上划去一小笔不会影响你日常开销的钱，可能仅仅是一顿饭的钱，或者一次泡吧的费用，但是当你开始这么做的时候，你已经不再是月光一族。

购物省下来的钱不是用来购买更多的东西，也不是给你机会胡吃海喝。没有预期的打折或者降价给了你一笔小横财，既然它不在你的消费计划里，请把它存进银行。

把零钱也存起来，放进储蓄罐里，积少成多，看起来有点老土，但是，这可以帮助你养成不浪费的习惯。况且，积少成多，100个硬币加在一起就是1张百元大钞，恭喜你，又可以存进银行了。

陆飞原来是上海某公司的一个普通员工。和其他的打工者一样，他那时也是个地地道道的穷忙族。但是，他从进公司的第一天起，就养成了储蓄的习惯。当然，光靠这点微薄的工资发财致富那是不可能的。陆飞省吃俭用，小钱也不会浪费，几年下来，已积攒几万元的存款。随着经济的发展，信息的交流越来越重要。他看准市场，把握住时机，利用自己的全部积蓄和一个朋友开了一家小型信息服务中心。两年下来，他竟然获利几十万元，公司也由当初的两人增加到十几个人，他还做了公司经理。

穷忙族往往总是错误地希望“等我收入够多的时候，一切都能改善”。但事实上，在你还没有成为大资本家或大富豪之前，你先要把自己当作存钱罐，额度就是许进不许出，支出要少于收入。这听起来好像没有什么了不起，但是你可以确定的是，学会有目的地理财和储蓄，确实让人感到快乐，对你以后事业的发展也是一件很有意义的事。

在如今这个通货膨胀的时代，在消费成本逐年上涨的形势下，上班一族如果要靠一份薪水来致富，几乎是不可能的事情。

通过对很多很忙却依然没有富起来的人的分析，我们就能发现以人赚钱相当辛苦，而且还很难致富。而且，靠劳动赚取薪资者，不劳动就没有收入。因此，《富爸爸　穷爸爸》一书的作者罗伯特·清崎认为，大部分的工薪阶层首先要让收入大于支出，才有机会跳出“老鼠圈”，重获财务自由。所以，作为穷忙族的你，不管如何节省，每个月都尽可能设法存个500元、1000元，长期累积之后，你就能够攒到你的第一桶金。

投资的前期功课一定要做足

有些对理财了解得不够深的人认为，理财就是赚大钱，就是做投资。这种理财概念的理解，很容易使人急功近利，最后可能大钱没赚到，小钱也没守住。

理财，不仅是对资产的投资和管理，还包括生活中的理财，理财涉及方方面面，是一个系统的理财规划体系，而非单纯的投资赚钱。合理地划分生活开支和可投资资产，正确认识理财，是理财行动开始前必须做好的。

可能有些人曾接触过理财项目，听理财经理介绍得前途无量，就动心投资

了几款理财产品，然而，在短时期内并没有看到预期的效果，甚至可能赔了本金，这时，原本对理财的满腔热情就像被泼了一盆冷水，对理财再也提不起兴趣，甚至怀有恐惧的心理。

其实，理财不是三两天的事，投资者需要树立合理的资产配置和坚持长期投资的理念。投资的本金、收益率及时间是影响投资损益的三个要素，其中，影响最大的时间。通过延长投资的时间，不仅可以增加投资的收益，还可以降低投资亏损的概率。投资不能影响现在的生活，所以最好以现有的闲置资金做适当投资，如子女教育或养老计划等，或用每月的盈余部分以定投的方式来投资，通过降低投资的流动性来提高安全性，这样就能得到合理稳定的回报。现阶段可以继续积极寻求当前市场估值处于合理区间，且基本面和增长前景仍然相对看好的国家和地区的投资产品，避免单一类型的投资。

在坚持的基础上，投资人要保持恒心，持之以恒地做定期定额投资，不能轻易中断。同时还要有耐心，沉稳地等待行情来临。你会发现时间是投资人最好的朋友。

另外，投资人的意志要坚定。切勿因短线市场波动或情绪因素而破坏原先设定好的投资计划。俗话说知易行难，在金融市场尤其如此。投资人必须要坚定地执行投资计划，向理财目标迈进。

投资理财是一种实实在在地需要能力的活动，投资者只有从实际出发、脚踏实地，还需要掌握一定的知识：

一是基本的财务知识。其中包括一般的财务知识，如学会如何管理金钱，知道货币的时间价值，能读简单的财务报表，学会投资成本和收益基本计算方法，等等。

二是要掌握基本的投资之道。现代社会提供了各种投资理财工具：股票、基金、期货、保险、外汇、房地产、银行存贷款、黄金、收藏品等，要投资理财就必须要熟悉各种投资工具，要掌握投资工具的概念、专用术语、投资理财原理、理财步骤等入门知识，还要掌握每种投资工具的特点。每种投资工具都有自己的特点和收益特征，如存款收益低，但非常安全；股票收益率高，但风险也很大。

三是要掌握投资的技巧，学习投资的策略。在现实生活中，我们发现大多数人在理财投资上都存在着从众心理，其实这样往往收益不好。比如炒股，有些人就是看到别人炒股赚了钱，自己也一头扎进去，结果导致全民都在炒股，赚钱的是少数，大多数人却被套牢了。所以，投资切忌从众，有时候，适当地“另辟蹊径”反倒大有可为。对于接受新鲜事物快的人不妨抛弃传统的钱存银行最稳妥的观念，适当进行一些有风险但收益相对较高的“投机”类理财。除了炒股、炒金、炒期货、购买房产等投资方式以外，当前是可以从银行办理的就有开放式基金、外汇、分红保险等多个投资品种，许多银行和证券公司还联合推出了“保利理财”等委托业务，这些投资方式的综合收益多数会高于银行。

面对这么多种投资方式，到底哪种投资方式才是适合你的呢?

首先，投资者需要了解自己到底属于哪种类型的人，一般分为：保守型、稳健型、温和激进型和激进型四种。在投资时，要根据自己的风险承受能力去选择投资方式，而并非看见别人赚钱就跟风。若风险超出自己所能承受的范围，则可能影响到自己的生活。一般保守型投资本金无风险，可以选择货币基金、国债、银行的理财产品等组合。稳健型的投资风险低，可以选择货币基金、企业债券或者债券型基金、银行理财产品组合。温和激进型的投资风险中等，可以选择股票型基金、且有债券或债券型基金、指数基金、股票、黄金等。激进型投资的风险较高，可以选择股票型基金、指数基金、股票、外汇、期货等。

投资有风险，不投资也有风险

很多人会觉得投资有风险，为了保险起见还是不投资比较好。其实不然，不投资也是有风险的。因为你辛辛苦苦赚的钱，可能会随着你的努力越积越多，但是通货膨胀却让你的钱不停地在变少。同样100块，三年前和现在所能买到的东西真的是不能比的，三年前一套房子和现在一套房子价钱的差

距简直大得让人咋舌。所以，在通货膨胀的时代，投资有风险，不投资也有风险。

众所周知，投资在任何时候都伴随着风险，只是风险的大小不同罢了。风险意味着自己的财产可能会受到损失或者投资活动得不到回报。不过，在资本的世界里，风险也意味着机会。由于未来无从预测，所以所有的投资都伴随着或大或小的风险。然而，风险无处不在，无时不有。除了投资之外，在我们的日常生活中，还潜藏着各种各样的风险。比如，你本来每天都乘地铁去上班，天天都平安无事，某天你心血来潮，自己开车去上班，结果出了车祸；你向心仪的女孩表白自己的爱意，结果遭到了她的拒绝；你在餐厅里点菜，上来的菜却不合口味……我们的生活当中到处都隐藏着危机因素，所以回避风险是一件不可能的事情。在投资中试图回避所有的风险，更是一件愚蠢至极的事情。或许这世上真有能回避所有风险的人，不过，同样地，他也是放弃了所有潜在成功机会的人。因此有句话讲得好：“没有风险就没有回报”，这是至理名言。

投资有风险，但风险不一定就是亏损，风险是说这项投资有可能会亏损，但并非一定亏损。风险有大小，高风险伴随着高收益，投资者就需要根据自己的情况选择适合自己的风险投资。

在刚刚参加工作的第一阶段，此阶段还是要避免从事风险性较高的金融投资活动。有些已经工作两三年的年轻人急于摆脱穷而忙的生活状态，不惜向亲朋好友借贷大笔资金，从事期货、股票等高风险的投资活动，殊不知这是很危险的行为，因为一旦投资失败，你就会血本无归，给自己造成更大的经济压力，不但不能摆脱忙而穷的状态，反而会使这种状态多延迟几年。

在强调投资中的风险时，投资大师沃伦·巴菲特是这样说的：“风险会在你毫不知情的情况下，以你无从预见的方式出现。”他又说：“你一定要切实了解自己的投资对象。你越了解它，你就越不惧怕它所携带的潜在风险。潜在风险使你不敢拿出大手笔来投资，但倘若你确实了解这些风险的实质，一边管理风险一边投资，也不会有大危险。”

真正能够通过投资理财致富的人，都是懂得管理风险的人。那么，如何管

理风险呢？管理风险的最佳时机又是什么时候呢？最佳时机，其实就是明确投资对象的时候，投资高手们通常会首选低风险、低收益的战略。大部分投资高手并不喜欢高风险、高收益。

在投资之前，为了确认投资对象的回报率到底有多少，你需要不断地进行研究、分析。无论投资什么，你都要通过不断地学习，了解自己可能在投资当中遇到哪些风险，如何管理这些风险，可能获得的回报是多少，不能让自己的投资变成在迷宫中寻找出路。只有这样，你才能避开投资中可能出现的失误，尽早将自己从危险当中拯救出来。

在投资过程中，伴随着众多风险的因素，但是只要你自己的风险承受能力足够了解，对资产做合理的规划和配置，可以降低投资的风险。风险控制有四种基本方法。首先，风险回避，是投资者有意识地放弃风险行为，完全避免待定的损失风险。其次，损失控制，损失控制不是放弃风险，而是制订计划和采取措施，降低损失的可能性或减少实际损失。控制的阶段包括事前、事中和事后三个阶段。事前控制主要是为了降低损失的概率，事中和事后控制主要是为了减少实际发生的损失。再次，风险转移，是指通过契约，将让渡人的风险转移给受让人承担的行为。通过风险转移过程有时可大大降低经济主体的风险。最后，风险保留，即风险承担。也就是说，如果损失发生，经济主体将以当时可利用的任何资金进行支付。

不同的人因其所处的环境和资产状况等因素的不同，有着不同的风险承受能力。即使是同一个人，在所处的不同阶段，也有着不同的风险承受能力。因此，在做理财投资时，应该事先对自己的风险承受能力做一个详细的了解，以风险承受能力为理财计划的重要依据。

有时舍得花钱才能赚到钱

不知道你有没有发现，富人与穷人之间有一个非常明显的差别——富人花钱比较豪爽；穷人一分钱都要掰成两半来花。也许说到这里有人会说：“你说

的不对，我看过很多有钱人，他们比谁都要抠门。”如果你这样想，说明你对“有钱人”的认识还不够。这个社会上的确存在着一些你说的那类人，但这种人一辈子都发不了大财，更别说享受钱财给人带来的幸福与乐趣了。为什么？因为财富不是靠省吃俭用积攒而来的，而是不断把赚来的钱投资自己，让自己获得成长，进而获取更大的财富。这才是真正赚钱的方法，才是一个真正有钱人的思想。

我们可以看看比尔·盖茨、巴菲特，大多数世界级的富翁们的行为，他们没有一个是“守财奴”，他们反而会把赚来的钱奉献出去，去帮助别人，去回馈社会。比尔·盖茨已经相当有钱了吧，他所有的财富的2/3都捐给了社会，他的举动说明了什么？说明了只有那些敢花钱、把钱花到正地方的人才是最聪明的人，才是最懂得赚钱的人，才是最会赚钱的人。

不要把钱看得那么重，一定要舍得花钱，把钱花在点子上，把钱投资在自己的脖子以上；钱早晚有花完的那一天，但如果你能把它转化为智慧，它就会跟着你一辈子，让你受用一生。这才是真正的赚大钱、发大财之道。

过去我们就常说一句话——“吃不穷，穿不穷，不会算计一世穷”。老百姓的生活水平日益提高，理财观念也渐入人心，一味去攒钱的观念已经跟不上时代的步伐了。懂得省，倒不如学会花，把钱花在该花的地方，把钱花在值得花的地方，通过花钱去创造更多的财富。

陈康和李博既是同事又是当年的大学同窗。陈康脑瓜子精明，工作期间还做了兼职，并且省吃俭用，勤俭持家，几年下来积蓄颇丰，虽然被众人视为“吝啬鬼”，但能一步步走近买车买房的梦想，让陈康十分欣慰。而李博似乎有点“败家”，还是典型的月光族，工资分文不攒，全花在了买书和参加各种培训上，每个月还会大方地请客吃饭，甚至后来还举债数万读MBA。后来，李博拿到了MBA证书，跳槽去了一家外企担任高管，工资立马比原来高出十多倍。而陈康看着好友“麻雀变凤凰”，这才后悔“没把钱花在该花的地方”。

年轻的时候，钱装进口袋里，不如花在脑袋上。省下来的钱，永远没有赚回来的钱多，懂得把钱花在该花的地方，才能创造更多的财富。不仅仅是年轻人，为人父母的更要懂得这一点，不要只是想着为子女省钱攒钱，应该学会在子女身上进行有效的投资，来寻求更高的回报。如果子女的学习成绩一般，想上好一点的中学还要交择校费。如果高考成绩不理想，“高价生”和上“民办大学”的开支则会更大。因此，许多精明的家长从中悟出了投资窍门，改变以前只考虑上学之后为子女教育攒钱的老办法，而是转而注重请家教、参加培训班、学特长等早教投入，一旦孩子成绩提高了，往近了说会节省择校开支，远了说则会更有利于子女将来的就业，甚至会影响孩子一生的命运。

总之，要学会用钱去投资，去丰富自身，永远不要在包装自己和丰富自己上省钱，懂得花钱，才能更有资本去赚钱。

[第九堂课]

不要盲目投资：找到适合你的生财之道

各种投资理财工具：股票、基金、期货、保险、外汇、房地产、银行存贷款、黄金、收藏品等，面对这么多种投资方式，到底哪种投资方式才是适合你的呢？投资有风险，风险有大小，高风险伴随着高收益，一定要根据自己的情况选择适合自己的投资方式。

看富人是如何投资的

或许你看到了摆脱穷忙的出路，亢奋地说："我要投资，我要打造我的赚钱机器！我要过上富闲生活！"这说明你已经有了远离窘境的意识观念，迈出了步入富闲的第一步，但是，当你冷静下来，会问："我的资金在哪儿？我靠什么去打造赚钱机器？"无论是自己未来创业当老板，还是进行某种投资，首先你要有一笔可观的资金，并做好理财规划，逐渐建立起你的财富帝国。

致富的途径有很多，从大的范围来说，投资办实业，包括个人独资办企业或与人合伙办公司；进行金融投资可以致富；还可以找份好工作，获得高薪等。从投资理财的范围来说，主要包括股票期货、基金、外汇、债券、房地产、保险、黄金、收藏品、银行存款等。看着这么五花八门的理财方法，你是不是眼花了呢？到底选择哪一种理财方式，哪一种理财工具呢？

一般来说，富人们成功投资理财的基本原则有三：稳定性、回报率、周转率。这三者成功协调的程度决定了富人们赚钱的多少，最完美的效果就是三者步调一致。

要说最具稳定性的投资商品，非银行的固定利息的投资品种莫属。但相对而言，稳定性强的投资对象，其收益性要低一些。回报率就是你投入的本金为你带来的收益回报和资本扩张的额度。例如，当股票市场比较活跃时，股票就是回报率很高的投资对象；当期货市场看涨时，期货就是回报率极高的投资对象。只是回报率高的商品，在投资的过程中伴随的风险也较高，稳定性也较差。周转率就是能在多长的时间里把投资的本钱收回来。将相同的20万元分别投资到银行投资品种、股票，以及房地产当中，周转率最高的投资对象就是银行商品，反之，房地产的周转率最低，因为房地产要还原成现金，需要一段时间。

那么在这三大原则当中，富人们通常最看重哪一个原则呢？我们发现，绝大多数五六十岁的传统富人最看重的是稳定性，在投资时也首选能稳定赚钱的商品。那么年轻的富人又是怎么想的呢？也都首选稳定性。

看到这里，许多人可能会发问："你不是教我们通过投资理财成为富人吗，怎么又告诉我们要稳定啊？哪怕是向别人借钱也要主动出击投资啊！"

确实，要想通过投资理财成为富人，就必须学会主动出击。如果在很有必要的时候，也应该贷款去投资，然而，借债必然伴随着风险，所以富人们并不是顶着风险去投资的，他们都是管理风险的高手。他们为了将投资风险降到最低，极少去选择借短期就要归还的债务去投资，而是选择借很长时间之后才需要归还的债务去投资；还有，富人致富的第一步都是储蓄，这也是他们重视稳定性的理由。

有一个房地产投资高手谈到自己的成功投资理财的经验时说："未来能获益多少是做事业的关键，但比这更重要的是你能否在未来还能保住现在的本钱。那些想一夜暴富而不安心稳定投资，最后连本钱都保不住导致倾家荡产的人不计其数。"

无论是年老的富豪还是年轻的富人，都用他们的理财投资经历告诉我们，赚钱固然重要，保住本钱更为重要。许多人都抱着赚大钱的梦想，但倘若不学

习如何挣钱、管理钱和把钱守住的方法，这些最终都是南柯一梦。

请大家静下心来想一想，有哪位投资者能通过炒股取得与沃伦·巴菲特并驾齐驱的收益呢？然而，即便是沃伦·巴菲特，他的平均投资回报率也只有26.5%。沃伦·巴菲特纵横股市40年，年回报率达到100%的好运却一次都未碰到过。看到这里你是不是觉得很失望呢？那么请你再仔细品味一下这句话："沃伦·巴菲特纵横股市40年，却一次都未赔过本。"

无数通过投资股市发家的富人都将这一点奉为投资真理。在沃伦·巴菲特的投资秘诀中，富豪们着眼于"一次都未赔过本"，而普通人却只盯着"他是一个赚了数百亿美元的超级大富豪"，这就是一般人和富人在投资价值观上的差异。

不同阶段不同的理财目标

理财是一项长期、全面的人生规划，伴随着人生不同阶段的变化而不断发生改变，每一阶段的理财目标都是在当前的资产状况、收入水平和家庭情况以及社会发展的前提下，而进行的教育规划、养老规划、投资规划和风险管理规划等。

当我们对自身条件和环境都进行清楚的规划后，就可以制订出适合自己的理财目标和计划了。

首先，列举自己的理财愿望，无论短期或长期目标，都可列举出来。

然后，对所列的理财愿望逐一审查，将其转化为理财目标，排除那些不可能实现的。

接下来，对这些理财目标进行筛选，再将筛选后的理财目标转化为一定时间能够实现的以及实现所需的具体数量的资金，按照时间的长短和优先级别对其进行排序，确立级别理财目标。这些基本理财目标，就是生活中比较重大的和时间比较长的目标，如养老、购房、买车及子女教育等。

目标有了，下面进行目标的分解和细化，使其具有实现的方向性。在目标下，制订理财的实际行动计划，如每个月需要存入多少钱，每天需要达到多少投资收益等。对于大的目标，可能需要拆分许多小的目标，制订可实现的计划。这样，对于，如何投资理财就不再是盲目迷惑的。

人们面对理财顾问的种种建议和五花八门的理财产品，往往感到无从着手，很难选择适合自己的理财计划。如果划分人生的理财阶段，明确其各自的特点，则有助于不同的人在不同时期制订适合的理财计划，有助于人们合理支配资金，得到有效的保障。

人类的需求是有层级之分的：在安全无忧的前提下，追求温饱；当基本的生活需求获得满足之后，则要求得到社会的尊重；之后会进一步追求人生自我价值的实现。要依层级满足这些需求，必然要有好的经济基础。因此，你必须认识到理财的重要性，制订一套适合自己的理财计划，合理利用财富来达到自己的目标。

穷忙族要摆脱穷忙需要制定不同的阶段目标，比如弥补当前生活开支、积累创业资金、购买房子和车子、应对医疗或意外事件、积累教育准备金、积累退休养老等各种不同的理财目标。

而这些目标，并非都是同时进行的，因为有的可能是年轻时需要实现的，而有些可能是年老时的目标，我们需要根据自身所处的不同阶段，制订不同的理财计划。

在我们刚步入社会，对于工作毫无经验，我们的消费是毫无计划的，此时的收入会小于支出，每个月可能过着入不敷出的生活。这时的我们，以积累工作经验、给自己打好基础为主，为自己未来的工作做一个计划，例如自己的薪水达到多少等，同时，在自己收入比较丰厚又比较稳定的时候，要考虑利用储蓄为自己积累一定的财富，并为自己设置储蓄的目标。

待工作成熟稳定一些后，就需要为自己以后的生活做一个规划了。我们会考虑到结婚生子组建家庭的问题。首先需要房子，婚礼需要资金，交通可能需要买车，因此，购置房子和车子，就是自己现阶段需要规划的近期理财目标。随着家庭的形成，家庭责任感和经济负担的增加，保险意识和需求有所增强。为保障一家之主在万一遭受意外后房屋供款不会中断，可以选择缴费少的定期

寿险、意外保险、健康医疗保险等，但保险金额最好大于购房金额以及足够家庭成员5～8年的生活开支。

结婚后，家庭稳定了，工作也处于上升期，此时的收入多了，可支配的资金也多了，可选择的投资和理财的方式也相应多了。集中家庭闲散资金进行投资理财，夫妻双方的收支要公开，不要设“小金库”。除去日常的生活开支，将双方的闲散资金参加银行储蓄，购买债券、保险，有条件的可投资证券基金或股票等，通过精心运作，使家庭资金达到满意的收益。

孩子出生后，围绕着孩子的支出越来越大，一般都会有许多目标需要去实现，如养育子女、更换住房、添置家用设备等，同时还有可能出现预料之外的开支。因此，要对未来进行周密的考虑，及早做出长远计划，制定具体的收支安排，做到有计划地消费，量入为出，每年有一定的节余，为家庭建立储备资金。这时的理财目标可能就由房子、车子转移到孩子和老人身上，为孩子准备抚养费用、保险费用以及教育费用，为老人准备赡养费以及医疗费用等，成为这个阶段的理财目标。

可见，在生命的不同阶段，有着不同的目标和计划，而理财的目标，就伴随着我们的生活目标，陪我们走完一生。也许有些人觉得不理财的人也过完了自己的一生，可是，仔细观察就会发现，善于制定理财目标的人，生活相对会更有条有理，该做的计划都已经提前准备好，而不制定理财目标的人，则被生活中突然的事弄得手忙脚乱，买了房子可能生活变得紧迫，生完孩子可能觉得生活压力剧增，归根结底，就是因为没有提前制定合适的理财目标。

科学理财是一种专业角度提出的建立在理性思维基础上、能根据市场变化主动调整财务安排的理财方式。研究表明，科学理财的效率和效益高于多数人的混沌式理财。谁最懂得管理金钱，谁就是更富有的人。

“四分”理财法

有了科学的理财目标，就可以开始试着理财了。目前，国际上流行一种名

为“四分法”的理财方案。

“理财四分法”是一种常用的传统理财方法，把家庭财产平均分为四份，一部分存定期储蓄，一部分投资股票和银行产品，一部分购买保险，一部分保留为现金和活期存款。如此安排家庭资产投向的依据是：定期存款可以获得稳定的利息收入，并且有绝佳的安全性；股市风险比较大，但是收益也相对高，而银行理财产品虽然收益较低，但是风险也比较小，只要不把一打鸡蛋放在同一个篮子里，进行组合投资可以分散风险和提高收益；现金和活期存款都是流动性资产，可以满足家庭日常开支需要和应对意外风险。

刘洋和老公都是在外企工作的白领，每月总收入8 000元，平时每个月的日常支出3 000元左右，两人在单位都买了社保。两人刚结婚不久，工作都非常稳定，各项待遇还过得去，没有购房、购车的沉重压力；双方父母都有自己的退休金，不用他们照顾，此时是存钱理财的大好时机。于是，两人经过一番商量、了解，准备开始大刀阔斧地实施理财计划。

目前夫妻俩的储蓄加起来大概有10万元，经过咨询理财师、上网查询，按照“鸡蛋不能放在一个篮子里”的原则对现有资金进行统筹，实施了一套名为“四分法”的理财计划，最大限度地保证家庭财产的增值。

其一，拿出2万元存为国债，作为家庭的备用金。虽说利率不高，但不用交利息税、风险小、稳定可靠，适合新婚家庭。

其二，根据基金在近年的不俗表现，经过对一系列基金常识的恶补之后，锁定基金作为主要投资方向，选了业绩良好的基金公司旗下的几只股票型和偏股型基金，如易方达成长、上投摩根优势、广发稳健等长期持有。

其三，考虑到老公的工作性质和开车的实际情况，刘洋拿出大约18 000元，在保险公司为老公投保了万能险种，这个集养老、大病保障和家庭理财相结合的险种，将保险和收益合二为一。

其四，手里还留有那么一点点“闲钱”，冒着一点点的风险，参加了几个公司的融资项目。他们公司参与的融资大多利息较高，且多是3个月或半年的中短期投资，公司都有相应的实业作为抵押保障，万一出了问题，还有那些不动产可以支撑。

另外，扣除生活费和应酬费用，每个月还有数千元的节余。目前，他们正考虑每个月购买一定金额的货币市场基金。这不仅能享受比定期存款还高的收益，还能随时取出。积累到一定金额，还可以取出作其他形式的投资，相当灵活。

通过四分理财法，他们的家庭投资井然有序，各项理财的分红接二连三，虽然说不算特别多，但也足够让两人的小日子过得有滋有味。

虽然“理财四分法”看似过于简单和刻板，并且也不是每个人都有足够的资金可以平均分配到定存、股票、保险和现金上，但“理财四分法”非常重要，因为它体现出了现代金融理财的最重要的理念和最基本的方法，即分散风险的理念和组合投资的方法。认真体会“理财四分法”的深意，并在我们自己的家庭理财实践中贯彻“理财四分法”基本要义，就能够在风险控制的前提下，谋取比较好的资产收益。

其实，生活中每一个人都是投资者，都是自己财产的经营者。过去，普遍的观念把投资和经营看成是国家和企业的事。而今天不同了，每一个人都有投资的义务，也有经营的责任。银行存款是一种投资，也是一种经营；保险、证券、房屋更是一种投资和经营。因此，如何合理地调动自己手中的资金，做一个合格的投资者和经营者，实在是值得深入思考的问题，只有将自己的收入合理分配，综合调动，在既保证生活需求的时候，又使自己的资金有个合理的增长，是每一个穷忙族最迫切的愿望。

家庭理财的绝招

你的家庭生活是否会“芝麻开花节节高”，关键在于你自己是否深谋远虑、是否具有理财的才能和技巧。不要抱怨穷困的魔鬼总把你纠缠，发财的机会悄悄从你身边溜走，殊不知“机会只偏爱有准备的人”。你只有认真学习并掌握理财的知识和方法，才能在未来的生活道路上一帆风顺，实现拥有财富、享受生活的梦想。

钱财是家庭生活的基础和生存保障，每日的衣食住行，都离不开钱。如何安排家庭每日的生活、如何花钱更合理，就牵涉到理财问题。俗话说："当家才知柴米贵。"这里，当家就是管理家庭的钱财。

当今社会大多数家庭的收入比较有限，如何在现有的经济基础上合理、巧妙地提高家庭生活的综合质量，就需要认真学习并掌握理财的知识和方法。

一、单薪家庭的理财绝招

1. 设立小账本。每笔开支连细目都记下来，每晚检查一遍，哪些可以不再花费，哪些可以用更节省的方法代替。

2. 利用闲散资金以财生财。闲散资金若运用得好，可以制造出更多财富，不要死守微薄的利息。由于优惠的理财方式常随大环境和时机改变，可请教专业理财专家。

3. 尝试新兴行业，开辟财源。传统产业固然较安全并有保障，但往往已经饱和，利润亦有限，宜在风险最低的情况下运用才智开辟新的财源。

二、双薪家庭的理财绝招

尽管"男主外女主内"的家庭形态很受一些人推崇，但在现代都市中，大多数家庭面临的现实是夫妻须共同负担家庭开销，这些家庭也就是人们通常说的"双薪家庭"。

1. 明确家庭中费用的支付方式。多数双薪家庭中，夫妻二人的收入有高有低，收入的不同可能会引起家庭内部权力重心的转移。这时，以下问题需要认真对待：夫妻双方是否有可供个人支配的金钱，这部分的金钱是否应完全属于他或她？家中开销如何支付，平均分摊还是分项负担，或者丈夫负担经常性支出而太太负责偶发性支出？是不是赚较多钱的一方应享有更多的决定权？是否为了某些目的，比如买房子、给孩子攒学费等事情将其中一方收入作为生活费用，而将另一方的收入全部存下来？

2. 恰当处理银行账户的问题。银行账户一般有两个选择：联合账户，即夫妻两人均可提领的账户；独立账户，即仅有开户者可以使用。两种账户各有优缺点。使用联合账户，夫妻会因它是共同账户而有较高的认同感，但这种账户通常会因其中一方的离开而发生问题。使用独立账户的一个好处是可以用它

建立自己的银行往来信用，一旦需要申请贷款，可提供给银行作为参考条件；另一个好处是账务清楚，对遗产的处理及离婚时的财产分割有很大的便利。目前流行的“夫妻一体，财务独立”的理财方式多为独立账户形式。

在很多双薪家庭看来，两份收入会造成一些假象，即总觉得自己的薪水花完后还有别人的，所以可以支付一些额外的花费。结果，多一份薪水不仅没有增加收入反而多了一份负担。遇到这种情况，配偶双方应该彼此控制不良的消费习惯，比如双方定个协议，一定金额以上的支出必须经夫妻双方讨论后再决定。通常的情况是两人在讨论后，发现购买某一物品的急迫性已不复存在，这种讨论还有助于了解彼此对金钱价值的看法。

三、AA制家庭的理财绝招

1. 办理婚前个人财产公证。建立个人收支账目表，并对个人拥有的金银首饰、房产、债券、股票等价值较大的自有财产进行登记，记录购买时的价格，到结婚时，把这些个人财产进行公证，而且约定婚后谁出钱购买的带有固定资产性质的财物为谁所有。

2. 建立投资基金。结婚后，夫妻可共同出资建立一笔投资基金，并由一方掌管运用，进行债券、基金、股票、储蓄组合投资，做到稳健投资与风险投资相结合，长期投资与短期投资相结合，赚取20%～30%的年资本收益率。不妨编制季度、年度投资收益一览表，让夫妻双方心中有数，随时纠正投资组合中的失误。

四、退休后的理财绝招

1. 草拟一份理财计划。拟一份理财计划不仅有助于管理好自己的财产，还可以减少对退休的恐惧。确定你退休后的经济来源、投资收益、退休金或者储蓄。

2. 确立目标。正如一位理财专家所说：“审视一下自己要做什么。在刚刚退休的那几年，做事要尽量谨慎一些，但也不要妄自菲薄。”

3. 经常检查自己的财务状况。“看看所剩几何，还想再做些什么。决定进行某项开支前，首先要考虑这样做是否有利于享受生活，不要总是惦记着攒钱，该享受时要懂得享受”。

4. 做兼职。如果你喜欢自己的工作，或有兴趣做其他工作，这可是件大好事。

5. 不要忽略你的无形资产。如果工作对你来说是件苦差事，那就另当别论，但是假如你热衷于交际且宝刀不老，缴纳一些税金还是值得的。

6. 待价而沽。银行定存虽然保险，但回报率太低。所以，你最好还是想想其他的投资方式。

不同的家庭有不同的财务状况，但在大的经济环境下，投资策略应该是大体相同的，当然这也要看个人的风险偏好等。但不管怎么说，理财是必须的。只有良好的理财观念和理财习惯，才能帮自己过上有规划而轻松的生活。

选择基金有方法

选择基金应“选择适合自己的基金”，而不是“选择好的基金”。显然这样表述自然有它的含义：好的基金未必就是适合的基金，适合别人的好的基金未必适合自己。由于各个家庭和个人的资产状况不同，财务需求不同，理财的方式也会不同，所以对基金的选择也应该不同。只有适合自己的资产状况、满足自己的财务需求的理财方式才是好方式；同样，只有适合自己的资产状况、满足自己的财务需求的基金才是好基金。

基金是一种间接的证券投资方式。基金管理公司通过发行基金单位，集中投资者的资金，由基金托管人（具有资格的银行）托管，由基金管理人管理和运用资金，从事股票、债券等金融工具投资，共担投资风险，分享收益。

通俗地讲，基金就是汇集众多分散投资者的资金，委托投资专家（如基金管理人），由投资管理专家按其投资策略，统一进行投资管理，为众多投资者谋利的一种投资工具。

首先，你要清楚自己是否适合投资基金。

一般而言，基金适合四类投资者购买：

1. 把证券投资作为副业，又没有时间关照的投资者。证券市场的绝大部分参与者都是这样的。证券交易的开市时间也是大家本职工作最忙的时间。购买基金可交给专业的基金公司去管理，可以坐享其成。

2. 有意进行证券投资，但缺乏证券知识的投资者。多数投资者由于证券知识的缺乏，没有能力对证券市场、上市公司进行深入细致的研究，使得投资带有盲目性，因而不如委托专业的基金管理公司运作。

3. 风险承受能力较低的证券投资者。目前活跃在证券市场中的多数是中小投资者，他们的资金如果集中用来购买一两只股票，则风险过于集中；如果投资过于分散，则牵扯精力过多，投资成本上升，得不偿失。基金将小额资金汇聚成巨额资金，可以从容地进行组合投资，既分散了风险，又便于管理。

4. 期望获取较为长期稳定的收益、不追求暴富的投资者。不同的基金，投资风格会有所不同，但都推崇长期理性投资。追求超额的利润，就要冒加倍的风险。在证券市场中，基金代表机构投资者的主流，投资回报率不是最高的，但会比较长期与稳定。

那么如何选择适合自己的基金呢？一般来说，选择的标准不外乎以下六项：

1. 量力而行

投资者在选择投资基金时，应根据自己的实际情况，充分分析自己的风险承受能力。投资基金虽然有“专家理财”和组合投资，能有效地分散投资风险，但这只消除了有价证券的非系统风险，无法规避市场风险。因此，在选择基金时，投资者应量力而行，谨慎从事，根据自己对风险的态度和承受能力选择适合自己的投资基金。

2. 不要盲目跟风

依据过去一段时间的最佳排名来选择投资基金，盲目随众，偶尔也许能奏效，但多数时候是一着棋错，满盘皆输。因为事实上很少有表现优异的基金会一再重复优异成绩。很多表现良好的基金在第二年的表现甚至不如整个市场的平均水平。因此，基金以前的成绩只能作为参考的依据，而不能作为决策的依据。

3. 回报率

挑选基金时，必须对基金的绩效进行评估。基金的操作绩效，等于买这只基金的投资回报率。回报率分为两种，即累积回报率和平均回报率。累积回报率是指在一段时间内，基金单位净值累计成长的幅度。而平均年回报率是指基金在一段时间内的累计回报率换算为以复利计算后的每年的回报率。

平均年回报率之所以重要，是因为基金过去的平均年回报率可以当做基金未来回报率的重要参考。一只基金如果过去10年来平均年回报率是15%，则通常可以预期其未来的回报率也应当维持这个水平。有了预期回报率之后，就可以进行理财规划了。

要评价一只基金操作得好不好，回报率是一个重要衡量标准。但是，这个衡量标准不够全面，一个基金的回报率还要和其业绩基准作比较。每只基金都有一个业绩基准，这是衡量基金表现的重要依据。一只基金的业绩除自己跟自己比较、跟业绩基准比较外，还要与同行进行比较。与同行比较的标准便是基金类别平均值，也即该基金所属基金类别的所有基金的平均回报率。很显然，如果该基金的回报率高于基金类别平均值，那它肯定就是“优秀分子”。

所以，评估一只基金的表现时，我们首先使用的是回报率标准，它有三个方面的内容：首先要看这只基金的历史表现和近期表现，其次看它是不是比业绩基准好，最后比较这只基金是不是比其他同类基金绩效优良。

4. 稳定性

随着证券市场的起伏波动，基金单位净值将不断发生变化，因而基金申购、赎回的价格也会不断涨跌。由于基金投资追求的是长期稳定的收益，所以，波动幅度小、稳定性好的基金显然值得追捧。其理由很简单：波动幅度大，可能意味着它的涨幅大，但同样意味着它的跌幅也大，风险也大。

5. 评级

评级是独立的证券咨询机构对基金进行的评价，一般用星级表示，最低一星，最高五星。虽然评级有基本一致的原则，但各个评级机构也会有不同的独特标准，因而对同一只基金也会有不同的评级，一只基金被这家机构评为一星，虽不会同时被另一家机构评为五星，但完全有可能被它评为二星甚至

三星。

评级是这些评级机构的产品，所以我们要像选择商品那样选择声誉卓著、历史悠久的评级机构。

6. 规模

买规模大的基金好，还是小的好？根据海外经验与国内实际，穷忙族比较适合购买规模适中的基金。其理由是，首先，大基金灵活性差，规模太大运作难度较大，仓位难以进行及时调整。一般来说，基金公司旗下的基金中如果有大基金，通常其调仓都是在小基金调仓之后进行，灵活性明显不如小基金；其次，大基金获取超额收益的能力较差，因为大基金往往在大盘股上进行配置，这时就可能难以获得超越大盘的收益。但是，太小的基金也不行，规模太小可能令某些个股出现过度配置，导致业绩波动性加大。

但是，这个标准并非一成不变，因为我国的股市在发展，今天的大盘股过不了多久就可能成为中盘股甚至小盘股，因此应该灵活掌握。

7. 管理费

同理，管理费是基金公司的服务所得，是基金经理的劳动所得。管理费低固然好，但是一分价钱一分货，如果管理费低是以降低服务质量为代价，那就得不偿失了。

面对不同类型的基金，投资者如何选到适合自己的基金品种呢？对不同类型的基金选择，要考虑下面几个因素：投资的目标和预期收益率；风险态度和风险承受力；投资的期限及投资者年龄；同时注意自己的收入与资产规模、地位、知识水平等因素，有针对性地选择基金理财方案。

保险也可以理财

保险不仅是买平安，也是一种理财之道。保险是现代家庭投资理财的一种明智选择，是家庭未来生活的保障。借用保险理财应根据自己的经济实力，选择最适合自己的保险险种及保险金额，才能获得最大的生活保障。

每个成功的个人理财计划中，都不可缺少一个合适的保险计划。无论是房子、车子等有形资产，还是你自己的生命和健康都属于你财产的一部分。如果你已经为这一切财产购买了保险，就可以为自己和家人带来保障。而且，有些保险计划还有投资和储蓄的性质，可以一举两得。

购买保险不但可以保障你已经拥有的财产，甚至还可以使你的财产增值。

就个人理财而言，保险的重要性不亚于投资计划。不同的投资环境，需要投入的资金不同。因此，如果你事无大小统统购买保险的话，那么巨额的保险费会使你得不偿失。保费多少固然要进行比较，但适当的保额也是必须考虑的。

有些保险推销员并不会去考虑你的财务能力，他们希望你购买的保单越大越好，因为他们只会考虑自己的利益，顾客的利益往往会被搁置一旁。因此，不可全部听信保险推销员的话，要结合自己的经济实力，理智投保。

一、确定自己的保险需求

理论上来说任何风险都可以投保，但太过琐碎的小事，一般人不会去投保。通常为大多数人所关注的保险主要是财产保险、汽车保险、意外伤亡保险、人寿保险、重大疾病险等。

至于哪一项应该投保，哪些不需要买保险，这就因人而异，看个人的保险需求了。

按照潜在的损失形态，个人或家庭面对的风险大致可分三类：

（1）财产风险：财产发生损毁、灭失的风险。例如，房屋遭受火灾、地震；汽车碰撞；财产被盗窃等。

（2）人身风险：由于人的死亡、伤残、疾病、衰老、丧失或降低劳动能力造成的风险。

（3）责任风险：由于个人的侵权行为造成他人财产损失或人身伤亡，依法负有赔偿责任所形成的风险。如因自身疏忽造成汽车碰撞致使他人人身伤亡等。

对于所有风险若能通过投保转嫁给保险公司，自然是最好不过了。但很少有投保人经济能力很强，从而对所有风险都予以投保、面面俱到，因此每个人正确分析自己所面临的风险后就应当对其进行科学的评价，同时结合自己的投

资偏好，确定保险需求，合理地分散风险。

二、明确投保目的，选择合适险种

在准备投保之前，投保者应先明确自己的投保目的，有了明确的目的才能选择合适的险种。是财产保险还是人身保险？是人寿保险还是意外伤亡保险？为了自己退休后生活有保障，就应选择个人养老保险；为了将来子女受到更好的教育，就要选择少儿保险等。总之，要避免因选错险种而造成买了保险却得不到预期保障的情况出现。

对收入有限的投保人来说，首先应选择最实用、最需要的险种投保。但哪些险种最实用呢？第一是养老、医疗保险；第二是家庭财产，包括房屋保险。对大多数投保人来说这些险种是最基本的险种。

三、货比三家，优选保险责任

保险险种责任范围的大小直接决定着未来出险理赔的多少，因此应该选择范围大的险种投保。通常，各个险种的责任范围都是不同的，即使是同类险种，责任也不完全相同。

投保人投保之前最好“货比三家”，向各家保险公司多要几份同类险种的条款，进行多方比较，选择“物美价廉”的投保。

四、量力而行，确定保险金额

一般来说，财产保险金额应当与家庭财产保险价值大致相等。如果保险金额超过保险价值，合同中超额部分是无效的；如果保险金额低于保险价值，除非保险合同另有约定，保险公司将按照保险金额与保险价值的比例承担赔偿责任或只能以保险金额为限赔偿。

人身保险的保险金额一般由投保人自己确定，有的可以投保多份，投保人必须考虑自己的支付能力，不能为追求高额保险金而不考虑自己的经济能力。否则，一旦出现不能承担保险费的情况，不但保险成了泡影，已缴的保险费也将蒙受很大损失，得不偿失。

五、保险期限长短相配

保险期限长短直接影响到保险金额的多寡、时间的分配、险种的决定，直接关系到投保人的经济利益。比如意外伤害保险、医疗保险一般是以一年为期，有些也可以选择半年期，投保人可在期满后选择续保或停止投保。人寿保险通常是多年期的，投保人可以选择适合自己的保险时间跨度、交纳保费的期限以及领取保险金的时间。

六、选择理赔服务好的保险公司

对所有投保者来说，投保的最终目的是一旦出险即能得到及时合理的理赔服务。理赔可以说是保险公司服务的最重要环节，也是投保人据以选择一家保险公司而不是其他保险公司的主要因素。有些保险公司业务人员销售保险时服务周到、细致，但理赔时会有意无意地出难题。如果投保人遭遇这样的公司，那么不管业务人员说得多么好听，都要坚决要求退保，或是次年改投他家，不能被一时的甜言蜜语所迷惑。

七、着重注意保险公司的经济实力以及其从业人员的素质

保险市场形成至今，保险市场竞争主体越来越多，一定要注重保险公司的经济实力和其从业人员的素质。人员素质高低决定了企业的发展前途，如果人员素质不高，特别是企业领导素质不高，再好的企业也会被搞垮。

八、慎重签订保险合同

签订保险合同是参加保险中极为关键的一步，保险合同是投保人将来索赔的重要依据，因此对投保人而言，了解一些基本的保险法则以及与合同有关的法律事宜，对于签订能够全面维护个人权益的保险合同是非常必要的。

美满的生活一定要有可靠的安全保障。任何一个出色的个人投资理财计划中，都不可能没有一个合适的保险计划。如果你已经为你的财产和人身购买了适当的保险，就会使你的安全保障系数大大提高。

随着人们的保险意识不断增强，我们身边买保险的人也逐渐多了起来。买保险就是买来生活的保障，因而要慎重。

炒股就这几招

炒股是成就财富梦想的一条有效渠道，但它更是一种让人心跳加速的投资

方式。也许昨天你不名一文，今天却一夜暴富；但是，也有一种，昨天是身价百万的富翁，而今天却可能一贫如洗。这就是炒股的魅力，它的变现性强，投机性大，但风险也最大。所以，掌握炒股的技巧与方法，对每一位股票投资者来说至关重要。

随着我国经济的稳步发展，股市的投资者越来越多。炒股已成为普通百姓的最佳投资渠道之一，特别是对于希望实现财富梦想的投资者来说更是如此。股票作为一种高风险、高收益的投资项目，只有掌握好一定的投资方法和技巧，才能从中受益。

1. 选股时要注意行情

有关炒股，一直有着一种这样的描述：行情总是在绝望中诞生，在半信半疑中成长，在憧憬中成熟，在充满希望中毁灭。当人人都对行情绝望时，往往就是股市的谷底；而人人乐观时，股市通常就离头部不远了。所以，市场在初冷、初热时，可以顺势操作，但到了市场极冷和极热时，投资人应该反向操作，波段的利润才比较大。

2. 多做分析，少去现场

股市是一种“群众运动”，它的气氛效应很难抗拒，在股市活跃之时，市场上几乎人人都在买进，互相讨论的也是什么价买进才能保证追得上行情，人人都怕买不到，再加上几个起哄看热闹的，你不热血沸腾才是怪事。在股市低迷之时则正相反，市场上冷冷清清，只有少部分人凑到柜台前，手中都是抛单，人人害怕跑不掉，还要跌，互相议论的都是还会跌多少。这种场面自然会让你万念俱灰，陷入不能自拔的绝望心境。

从大量事实中可以看出，交易现场的气氛影响太大了，足以打乱你的计划和决心，使你盲目、不由自主地跟着做出错误的决定，所以要少去现场。

少去现场并非代表着无事可干，必须私下仔细分析股市行情，并仔细阅读股票书籍，学习理论，增加对股市规律的认识。只有这样，才有可能“运筹帷幄之中，决胜千里之外”。

3. 不要轻易在中途换马

如果你确信你的股票有充分的理由上涨，那么购入之后就不要轻易抛出，

即所谓牛市中不可做空。因为股市上每天都有涨起的股票，你不可能把所有的果子都吃到，把你分到的果子吃到、吃好就应该满足了。通常一只股票从底部到顶部都要经过漫长的时间，至少几个星期，有时几个月甚至更长。只要你看准这只股票会涨，就要耐心持有，直到涨到顶为止。

如果你相信你骑的马是黑马，那么就不要轻易中途换马。丑小鸭也会变成美丽的天鹅，这是股市上的真理。

4. 吃点小亏，以求大得

大多数炒股人士，总想买在股价的低价区，而卖到高价区，以从中获取利润差价。但是人们总难完全抛开过分贪婪的信念和过度的自信，当股价跌到相当低时，仍有很多人在等待更低的价位出现，再考虑进场。但是，能够精确地预测或抓住最低点的顺势买进的人，毕竟属于极少数。

因此在大家不敢下手买，但明知其实股市已到达低点，或是合理价位时，要求自己以机械化的方式进场，短期也许还会套牢，但到最后一定可以享受成功的喜悦。

5. 留好股，卖坏股

有些股民往往沉不住气，见了好股就想买，结果很快就把资金用光了。等到手里拿上了股票，一看到赚了钱就着急脱手，结果是最后所有的股票都深度套牢。

看哪种股票赚了钱就先卖哪种股票，实际上往往卖掉的股票继续上涨，未卖的股票却原地踏步不动。股市上常有这种现象，叫作“弱者恒弱，强者恒强”，意思是说越是涨起来的股票就越有可能继续上涨，未涨的股票却很可能长期不涨。这是因为原来价格比较低的股票在庄家将其价格拉起来以后，必须要有足够大的差价，才能让他从容出货或是赚到更多的钱，所以不要在一种股票刚刚涨起来时就抛出。当你打算卖掉一部分股票时，应先把当前最不可能上涨的股票最先卖掉，而把最有上涨潜力的股票放在最后卖出。

6. 独立分析，不盲从专家

各行各业都有专家，股市也不例外。由于专家判断成功率高，犯错少，改错快，理论修养高，所以，要看其股评，但对其意见则不可盲从，要有自己的

独立分析。不可盲从就是因为专家股评仅代表专家的个人观点，而专家并没有把握一定正确，让专家按他自己的判断实际操作起来，效果不一定就好。股民应该牢记一点——股评是人家的，钱是自己的。这一点倒和“业余股市沙龙”中的讨论一样，人人可以发表看法，百家争鸣，听不听在你。自己如果没有一定主见或没有一定的独立分析，总觉得谁说得都有点儿道理，你准备如何操作才好？因为股市中永远存在两种对立观点：一种看空；一种看多。如果一会儿跟这种观点跑，一会儿又转向相反阵营，自己都掌握不住，说不清是属于“哪部分”的，结果必败无疑。

7. 捕捉炒作热点，适时进退

每年股市中总会形成一些炒作的热点，热点的出现最初往往表现在某只领头股出现大幅上涨，虽然没有得到市场普遍认同，但股价的表现却异常坚挺。之后随着舆论升温，市场对其股价的预期发生了变化，短线炒家开始追逐短期的收益，并带动了其相关板块随之升温。当市场中所有的投资者都意识到围绕该股形成的市场热点，并普遍跟进之时，此热点实际上是最为危险的时候，可能随时出现爆炸性的风险。

虽然市场热点的形成过程会给投资者带来非常丰厚的利润回报，但此种回报往往只给有准备之人。一般来说，对于常规的股票能够上涨15%，便可考虑卖出获利了，但对于处于热点之中的股票在升幅达15%之时，不但不应卖出还可适当跟进买入，特别是对于其中的领涨股票甚至可以建仓持有，因为此种股票得来不易，一旦抓住，一年的收益便不用考虑。

8. 掌握技巧，找准胜利先机

对于投资者来说其最大的期望就是如何获利，并且希望获得的利润越高越好，但经过漫长的股海漂流之后，大多数投资者可能会感到，那种超额的利润对自己来说好像只是水中月镜中花，可见而不可得。但实际上并非如此，股市之中处处蕴藏着胜利的先机，而能否获利主要在于投资者能否发现并将之真正掌握在手中，这种先机也并非来去无踪，往往具有以下特点：

首先，当某只长期下跌的股票止跌反转，突破下跌趋势通道，其股价往往会上涨一两倍甚至更高。

其次，对于长期行于牛市之中的股票一旦出现行情的启动，也会产生惊人的涨幅。对于通过参底或W底进行反复控底的股票，由于具有较大的底部支持，上升的动能自然也比较强劲。对于有些长期处于历史底部的个股，只要投资者能够耐心持有，坚持到底，赚取几倍的收益也并非难事。

中国的股民号称过亿，每年都有数百万的人进入股市，炒股也就成了越来越热门的话题。炒股有绝招，但也应注意几点：不要借钱炒股；不要用赌博心态炒股；不要把炒股作为主业。我们要时刻牢记：股市有风险，入市须谨慎。

有的人一路飙升，从科长做到处长，再到厅局级、市委书记，按说什么都有了，可就是不满足，继续贪婪，贪天之功为己有，最后是贪得无厌把他送进了牢房。直到被判了终身监禁，还想继续贪。贪恋自由，贪恋政府宽恕，只要放出牢房回家种地都行。绕了一大圈，到头来就想贪回原处。股民更容易成为贪婪的俘虏。投资中若不知足，就像生活中没有阳光一样，如果老是以一种贪婪的心态应对风云变幻的市场，那么投资者就会把股市中的许多次获利机会当成演习，把它当成是投资成长中的草稿。

许多时候，投资者老是在犯这样的错误：总把希望寄托在明天，而不珍惜今天。要知道股市的每一个牛熊大循环需要的时间周期是按年计算，而不是按你交了多少“学费”，打了多少“草稿”来衡量的。如我们不注重投资效果，不懂得收手及重新分配资金投资比例，而一味地交学费，那只能是“明日歌”。投资股市并不是说不应该交学费，在现实的股市投资旅程中，其实市场不会给我们打草稿的机会，认真对待每一天每一个大波段的交易，用策略来营造每一次机会。

所以知足是人生最真实的财富，股市投资又何尝不是这样呢？股市投资没有草稿，也不需要草稿，只有珍惜现在才可以展望未来！如投资者学会了知足，那么每天都是一年中最美好的日子。

储蓄理财一点通

如果你的收入有限，没有太多的资金进行投资，那么，你首先要做的是储蓄。储蓄是理财的基础。虽然现在储蓄已是微利时代，但仍不失为一种有效的理财之道。

提到个人理财，很多专家都会告诫人们：个人理财应遵循“三分法”原则，即除去个人日常生活的必要开支，应将剩余收入的三分之一存入银行，三分之一买证券，三分之一买不动产。事实上，情况并非如此简单。调查表明，我国居民投资途径的选择依次为储蓄、证券、保险、实物（包括收藏品、保值品、房地产等）以及直接投资办企业、做生意等。我国居民储蓄一直保持着很高的比例，达50%以上，而投资债券、股票等有价证券仅占10%左右。从我国近几年来工资的增长速度与储蓄存款余额的增长速度相比，也可以看出储蓄存款的增长率远远高于工资的增长率，即居民不仅把新增工资的大部分用于储蓄，而且还把工资外的收入大量存入银行。可见，储蓄在个人理财中占有十分重要的地位，大多数人仍习惯于将闲余资金存入银行，储蓄存款仍是个人理财的主体。

对于每一个选择以储蓄为理财方式的人来说，要做到科学安排、合理配置，运用好储蓄这一理财手段，应掌握以下的方法和技巧。

一、选择合适的银行开户

对一个普通的城镇居民来说，选择一家合适的银行储蓄是非常重要的，这不仅关系到投资者存取款的方便与否，有时甚至会威胁到存款的安全性。一般来说，存款银行的选择应符合以下几条基本原则：

1. 安全可靠

一般情况下，在国家正式批准营业的任何一家银行存款都是安全可靠的，所以除特殊情况以外，投资者不用担心银行破产倒闭的情况。

相比较而言，国有商业银行的信用要高于非国有商业银行，全国性银行的信用要比区域性银行的信用可靠，商业银行的信用要比信用合作社的信用可靠。

2. 离住所近

选择开户银行应尽量选择离住所近的银行。因为无论存钱或取钱，你手持一笔现金，在路上所耗用的时间越长，安全性就越低，各种不可预测的风险大大增加。为保证资金安全，选择接近住所的银行开户是有必要的。

3. 方便原则

你一定不愿意任何时候、办理任何事情都只能到一个固定银行存取钱。比如，你想买一套家具，一定希望在家具城附近就能取到钱，但家具城离开户银行很远，怎么办呢?

如果这家银行网点分布比较多，可以通存通兑，那么就能解决这种矛盾了。网点分布的多少是选择开户银行时需要考虑的一个重要因素。

4. 服务周到

信誉第一，服务至上，这是银行服务的宗旨。如果银行业务人员态度恶劣、存取款需经常长时间排队等候，或差错不断，那么就应考虑换一家银行了。

另外，银行的清算方式也是需要考虑的重要因素，如异地存取款、信用卡的使用、ATM机的分布等。

二、选择适当的存期

一般来说，在经济发展形势良好、通货膨胀率较低的情况下，宜选择长期。因为存期越长利率越高，实际收益越大。但在经济萧条、通货膨胀率很高的情况下，应选择短期。因为短期存款流动性强，可以根据利率的变化及时做出调整。

三、选择合适的储种

目前银行开办的储蓄品种主要有活期、定期、零存整取、存本取息、通知存款、定活两便等。在众多品种中应选择不受降息影响或影响较小的储种。如遇降息，定活两便、通知存款、活期储蓄均要按新利率计息。零存整取遇降息利率在存期内不变，从而保证了储户的利益。定期、存本取息只要不提前支取，也仍按开户日的利率计息。

1. “定活两便”储蓄存款

“定活两便”储蓄存款结合了活期储蓄和定期储蓄两者的优点，存款时不约定存期，利率随存期的长短而变化。这种储蓄方式利率明显高于活期存款，在存取的便利度上，又优于定期存款。

2. “零存整取”储蓄存款

所谓人民币“零存整取”，就是指在开户时约定存期，本金逐月存储，到期一次性支取本息，适合有固定收入但节余不多的客户，有利于达到计划开支的目的，存款利率高于活期和定活两便储蓄。

3. 教育储蓄

“教育储蓄”是一种特殊的零存整取，开户时与银行约定每月固定存入的金额，分次存入，到期时凭存款人接受非义务教育的录取通知书或学校开具的存款人正在接受非义务教育的学生身份证明，可享受整存整取的利率并免征利息税。

4. 存本取息

人民币“存本取息”，就是指一次存入本金，分次支取利息，到期支取本金的定期储蓄存款种类。特点是本金一次存放，利息分次支取。这种存款方式比较适合持有较大数额现金的朋友使用。

5. 通知存款

“通知存款”是指在存入款项时不约定存期，支取时只需提前通知银行，约定支取存款日期和金额，便可支取的存款。“通知存款”最低起存金额5万元，不论实际存期多长，按存款人提前通知银行的期限长短划分为一天通知存款和七天通知存款两个品种：一天通知存款必须提前一天通知银行约定支取存款，七天通知存款必须提前七天通知银行约定支取存款。一天通知和七天通知，现行存款利率分别为0. 85%和1. 39%，比现行活期存款利率0. 4%高出较多，支取方便，且能获得较高的利息收入。

6. “活期存款”高收益

我们都知道，活期存款的利率是远远比不上定期存款的，虽然我们可以有技巧地把定期存款当成活期存款来用，但是考虑到每个家庭的方方面面，账户里必定是要留一笔活期存款以备不时之需的。面对活期存款的微薄利率，如何

运用流动资金，让活期存款也能获得高收益成为老百姓非常关注的问题。

四、选择合适的存款组合

在选定了存期、储种后，对储户来说要想获得更多的利息并确保日常生活开支需要，就得讲究储蓄存款的组合了。一般来说，存款组合应以定期存款为主，通知存款为辅，活期和定活两便少量。因为无论长期、中期、短期存款，在同期限内定期储蓄的利率最高，收益最大。对自己一时难以确定存期的大额闲置资金，不妨选择“通知存款”，用款时只需提前7天通知银行，变现性极强，而收益又高于同期限的定活两便储蓄。定活两便与活期应以小额、少量为宜。

五、银行储蓄并非多多益善

如今，人们在理财时，首选的方式便是储蓄，这很好，但有一点必须注意，即储蓄不应过多。

许多人认为钱存在银行安全可靠且能赚取利息，但事实上，利率的一再下调，储蓄已变成微利。之所以还有那么多人选择储蓄为首选理财方式，其主要目的是为了安全，但我们必须认识到：将大量的资金存在银行短期是最安全的，但长期却是最危险的理财方式。正因为太多的人将全部余钱存入银行，所以多数人都不富有。

储蓄是对的，但只要将全部余钱的1／3存入银行即可，其余应用于投资，这样你的资金才会越来越多。

目前，储蓄依然是城乡居民理财的主要途径。理财是为了实现人生的重大目标而服务的，而每月的储蓄其实就是投资的来源。因此，合理的储蓄应该先根据理财目标，通过精确的计算，得出为达成目标所需的每月准确的金额。然后量入为出，在明确理财目标的指引下，定期按此金额进行储蓄。只有重视储蓄，真正把它当做一项任务去完成，那么理财才有成功的可能。

我们每个人都要存钱，都得和银行打交道，可是对于储蓄，有详细了解的人却不是很多。大部分人对于储蓄的了解都只在定期存款和活期存款上，定期存款利息远远高于活期存款，这是大家都知道的，虽然利率摆在那里，但是定期存款的种种限制，又让大家望而却步，生怕限制了用钱的自由。其实，存

款，不论是定期还是活期，选择适合自己的理财方式，掌握存款的小技巧，都能够使存款利益最大化。

刘先生是铁杆储蓄一族，并且非常喜欢存长期，长期以来刘先生也总结了自己的一套储蓄经验。每当有闲置资金的时候，刘先生都会将资金化整为零，拆分为小单位，设定不同的到期日。这样错开来，既可以保证了资金的流动无恙，同时又能获得比活期高的利息。刘先生还办理了自动转存服务，避免了存款到期后不能及时转存损失利息。刘先生的太太看先生整天忙活，笑他为这点小钱算计。刘先生一笔笔账算给太太听，一年期的活期存款利率是0. 4%，一年期的定期存款利率却高达3%，这样将定期当做活期用的存款方式利息可是比活期高出7倍还多呢！

刘先生的存款方式是不是也让你跃跃欲试了呢？定期存款的利率可是大大高于活期存款，爱好储蓄的朋友们不妨好好利用定期存款，把它当做活期存款来使用，既不会造成资金周转的不便，同时也能享受高利率。

[第十堂课]

创业致富是否可行：在创业的路上摆脱穷忙的状态

或许你看到了别人创业成功了，摆脱了穷忙，你心里有个声音："我也要创业，我要赚大钱！我要过上富闲生活！"但是，你要想清楚，创业不是有个想法就能成功的，如果失败了，你所有的积蓄就会化为乌有。

打工族VS创业族

人人都想发财，但是没有任何人可以靠工资发财，即使是在看起来很有前途的外企。工资是买卖劳动力的价钱，一个人做多少事拿多少钱是企业管理者早就算好了的，它会按照你上班的年限逐年递增，增幅在10%到20%不等。进过外企的人都知道，外企里面是有"天花板"的，没有几个人能够像电影里的美国梦一样，从基层做起，扎扎实实一步一步走上金字塔的顶峰。因为到了某一个阶段，你升不上去就是升不上去。到了一个阶段，你虽然有不错的薪水和福利，也有一个不错的头衔，但是你待在里面也只是一年年耗下去。

假如你想自己的收入超越企业里给你算好的工资增长比例，就必须自己创业。生命如此短暂，对于有些人来说，耗在一个地方等着拿工资简直是浪费生命，总要选择自己喜欢的一个行业一头扎下去，在创业的大潮中感受搏击的乐

趣，才不枉一生一次的生命。有些人打工是为创业做准备，在他们看来不想创业的打工族不是好打工族。

打工族的特点：

（1）用时间换金钱，一份时间换一份金钱，没有时间自由。

（2）相对比较省心。因为你赚不到很多钱，所以相对比较省心。

（3）相对比较稳定。每月只要你每天准时上班下班，耗到月底你就可以拿钱了，不出意外都可以稳定地拿到钱。

（4）相对不自由。你有很多创意没法发挥，你有很多意图无法实现，你要按照别人的意图去做事，个人潜能不能充分发挥。

但有些人会觉得虽然打工族相对创业安稳得多，但是打工毕竟不是一辈子的事。既然如此，身为打工族的我们该如何寻找自己未来的前程呢？跳槽，必须有的放矢地往高处跳，要么薪水高，要么职权大，要么能够最大限度地体现个人价值。如果一个人对现有工作有诸多不满，但是很难找到其他合适的东家，那他既要托稳现有的饭碗，又要让自己多余的热情有所发挥，那么，除了创业别无他选。

创业有以下几个特点：

（1）创业是创造具有“更多价值的”新事物的过程，这个过程不是有能力、资金、头脑就可以达到，还需要运气和贵人等，很多人觉得自己什么条件都很好但是一运作起来还是失败了，这就是因为运气和时机等不好。

（2）创业需要贡献必要的时间，付出极大的努力。

（3）承担必然存在的风险。财务、精神、社会领域及家庭等。

（4）创业报酬、金钱、独立自主、个人满足。

对于创业族来说，创业过程不但充满了激情、艰辛、挫折、忧虑、痛苦和徘徊，而且还需要付出坚持不懈的努力，当然，渐进的成功也将带来无穷的欢乐与分享不尽的幸福。创业是对自己人生和职业生涯的一种态度。

从小到大，我们常常被父母教育道：“一定要好好上学，考高分，以后你才能考个好学校，将来才能找到一份好工作。”我们的父辈一直在鼓励我们成为一名对社会有用的人。但是，无论是父母，还是师长，总是想把我们训练成善于找工作的人，而不是善于创造工作机会和开创事业的人。然而，今天这个时代，却涌现出了一批不同的人，他们因为找不到工作而被迫走上创业道路，或者一些人主动放弃稳定的工作、铁饭碗，选择了一种不同的生活方式——创业。

我们要认清打工族与创业族之间的本质区别：打工族是害怕失败而寻找安稳，是在一个职业出现之后才去工作；而创业族是在失败中不断学习，渴望成功与自由，是在创造职业，在一个职业出现之前就开始工作。在今天的中国，各行各业都充满了生机和活力，选择做打工族还是创业族，这完全得看自己适合什么。

从打工到创业的过渡

目前，在很多城市打工族兼职创业是一种常见现象。他们在不影响当前工作的同时，又可以锻炼能力、积累经验，同时还可以积累一定量的资金，可谓一举两得的好事。

有人会认为工作就应该是专心致志，上班的同时又创业，那不就是开小差吗？其实不然，这是有本质区别的。如果你为了做自己的生意而耽误了本职工作，那你就是不负责，老板怎么惩罚你都不过分。要是你能把手头工作做好，同时又能利用闲暇时间为自己创收，老板就是再怎么挑剔也找不出你的毛病——顶多就是不重用你罢了。那又能怎么样，你又不指望他那点奖金。

所以，当你能够把手头工作做得足够好，老板没有给你更大的关注，而你又有热情没处发挥的时候，去做兼职吧，去创业吧，这并不代表你是个“坏员工”，只能说明你太能干，是老板埋没你了。

打工族在过渡到自主创业的阶段，可以先选择做一些兼职，与自己的特长和未来发展的方向相结合，可以缩短自主创业的距离。充分利用工作中积累的资源和建立的人际关系进行创业，这是打工族的一个特点，也是打工族的一个优势，可以大大减少创业风险。

小黄原来在一家大的电子图像制作公司工作，在工作中与很多小的电脑图像公司、报社、杂志社、电视台、电视节目制作公司建立了关系，积累了人脉。时机成熟后，小黄辞去了原来的工作，自己成立了一个电子图像工作室。因为相当于原来工作的延续，无缝衔接，小黄几乎没有冒任何风险，便踏上了成功之路，现在小黄的工作室生意很红火。

但是在这方面要注意的是，不能将个人工作与生意搞混淆，将工作次序搞颠倒，甚至只要是有利可图的生意就归自己，而无利可图或者亏本的生意就归单位，这样做不仅是要冒着道德上的风险，而很有可能会受到法律的制裁。另外，要区分主业和副业，不能因为自己的创业活动而影响自己本职工作！

在职创业比较偏向于投资较小、占用时间不多、能够委托他人打理、充分发挥自身优势等几个特性，具体而言有下面四种创业方向。

1. 网上创业

由于网络的便捷、高效、方便管理，不少在职创业者都把选择的方向定在了网上创业。网上创业的形式主要有两种：一是网上开店，如在淘宝、易趣上开家自己的网店，或者建立一个专门的电子商务网站。二是善用信息的不对等来进行获利，例如有人在某家知名商务网上注册，专门为供求双方有偿提供信息，而这些信息则全部来自免费的网络。

2. 做代理商

做某个商品的代理，不需要占用全职的时间，而且正职的工作还能积累较多的人脉，方便代理商品的销售。现在翻开报纸、杂志，到处是寻找产品代理的广告。有些人对此类广告抱着本能的排斥心理，其实里面也可能大有可为，关键是你要有眼光。首先，尽量不要做大公司和成熟产品的代理，因为这类产品一般来说市场已经稳定，但利润空间小，条件苛刻，非实力雄厚者不能承受。其次，产品的独特性和进入门槛要高。有些产品很好，但太容易仿照，结果市场一经打开，跟风者一哄而上，市场很快又垮掉。最后，最好是直接与生产厂家接触。

3. 咨询业

这是最常见到的一种在职创业类型。通常是在职者利用自己的头脑智慧、丰富的从业经验或专业技术，进行创业。

4. 委托投资

适合那些拥有一定资金，但个人缺少精力或时间的创业者。对于委托投资来说，一是要选择一个好的项目，这个项目应该满足市场需求、市场优势、市场差异、美誉度这四个方面；二是一个好的合伙人，合伙人的品性是第一位的，一个诚信的合伙人是保证合作成功的根本，当然合伙人是否具有管理素质等也是非常重要的。

在职创业者与其他的创业者相比，具有较强的特性，他们选择创业多是为了实现个人的理想或价值，并具有一定的前瞻性和超前性。然而，只有激情是不够的，只有明白在职创业适合做什么，不宜做什么，会遭遇什么样的困难，才能在这条路上更平稳地走下去。

创业的前期功课要做好

现在很多人想创业，看到别人创业自己也特别地想创业，可是很多人因为没有做好必要的准备而失败了，这样的代价就太大了。

创业是一项庞大的工程，涉及融资、选项、选址、营销等诸多方面，因此在创业前进行细致准备必不可少。

1. 必不可少的创业计划书

创业不是仅凭热情和梦想就能支撑起来的，因此在创业前期制订一份完整的、可执行的创业计划书应该是每位创业者必做的功课。通过调查和资料参考，要规划出项目的短期及长期经营模式，以及预估出能否赚钱、赚多少钱、何时赚钱、如何赚钱以及所需条件等。当然，以上分析必须建立在现实、有效的市场调查基础上，不能凭空想象，主观判断。根据计划书的分析，再制定出创业目标并将目标分解成各阶段的分目标，同时定出详细的工作步骤。

2. 周密的资金运作计划

周密的资金运作计划是保证“有粮吃”的重要步骤。在项目刚启动时，一

定要做好3个月以上或到预测盈利期之前的资金准备。但启动项目后遇到不可避免的变化，则需适时调整资金运作计划。如果能懂得一些必要的财务知识，计划好收入和支出，始终使资金处于流动中而不出现“断链现象”，那么项目的初期就能为未来发展打好基础。

3. 不断强化创业能力与知识

俗话说“不打无准备之战”，创业者要想成功，必须扎扎实实做好充分准备和知识的不断积累。除了合理的资金分配，创业者还必须懂得营销之道，比如如何进货，如何打开产品的销路，消费者对产品的需求，都要进行充分的调查研究。这些知识获取渠道可以是其他成功者的经验，也可以是书本理论知识。同时还要学会和各类人士打交道，如工商、税务、质检、银行等，这些部门都与企业的生存发展息息相关，要善于同他们交朋友，建立和谐的人脉关系。

4. 培养一个执行力强效率高的团队

无论是做什么事情，都是需要由人去完成的。有了创业计划和创业能力及知识后，还需要组建一支执行力强，动作效率高的团队。团队是创业项目成功的基础。同时在哪找到团队呢？可以分为网络或实地找到团队，网络找团队的优点：只要在网上搜索一下找自己相关感兴趣的人就可以了，或者到专业的论坛里面找，比如：80后创业论坛、同城创业论坛等有一定范围找团队，优点是不受空间限制，缺点是不能很深入地了解你要找的团队伙伴。实地找团队的优点，一般都是朋友或聚会上认识的彼此很容易了解你要找的团队的性格、兴趣爱好的差别。但受空间限制，很难找到你想要的团队。

5. 为自己营造一个好的氛围

由于缺少社会经验和商业经验，大学生创业总是显得“心有余，而力不足”。不如给自己营造一个小的商业氛围，比如加入行业协会，就可以借此了解行业信息，学会借助各种资源结识行业伙伴，建立广泛合作，提升自己的行业能力。千方百计给自己营造一个好的商业氛围，这对创业者的起步十分重要。

6. 学会从“走”到“跑”

在创业的初期，受资金的限制，或许很多事都需要创业者本人亲自去做，不要认为这是“跌份”或因此叫苦不迭，因为不管任何一个企业，从“走”到

“跑”都是要经历一个过程的，只有明确目标不断行动，才能最终实现目标。同时在做事的过程中，要分清主次轻重，抓住关键重要的事情先做。每天解决一件关键的事情，比做十件次要的事情会更有效。当企业立了足，并有了资金后，就应该建立一个团队。创业者应从自己亲历亲为，转变为发挥团队中每一个人的作用，把合适的工作交给合适的人去做。一旦形成了一个高效稳定的团队，企业就会跨上一个台阶，进入一个相对稳定的发展阶段。

7. 赢利是做企业最终的目标

做企业的最终目的就是赢利，无论你的点子有多少，不能为企业赢利就不具备商业价值。因此无论是制订可行性报告、工作计划还是活动方案，都应该明确如何去赢利。企业的赢利来源于找准你的用户，了解你最终使用客户是谁，他们有什么需求和想法，并尽量使之得到满足。

8. 在失败中学会成长

从创业成功案例中不难发现，创业者往往都有“见了南墙挖洞也要过去”的信心。从小就知道“失败是成功之母”这个真理，大学生创业者，又有多少人真正体会到其中的力量呢？如果创业失败了，你又应该怎样面对失败？充分的准备和不断的学习，就能够在很大程度上减少这种概率所起的作用。与此同时调整方案，换个方式和方法继续前进，永远不要停止前进的脚步。经历过一个“死而复生”的过程，就能在未来的发展中脚步更加坚定。永远要记住一点：信心是企业迈向成功的阶梯。

创业不能只有满腔热血

常有一些创业者说自己打算创业，或者准备开一家小店，或者等在打工赚了一些钱后就去做一家礼品公司，去创立一个网站等。当问到为什么要创业，很多人的回答却是因为厌烦给人打工的生活、不想一直领一份不高不低的薪水、看到别人创业成功了，又或者盲目地向往企业家的生活方式：自主经营、大权在握、富甲一方……当继续问道：“你准备把这个生意作为自己的事业

吗，为了这个生意你准备先亏多少钱，打算未来赚多少钱，打算用几年时间去做，你的商业模式是什么，你的规划和步骤有哪些”等这些问题时，他们的回答却是“这些我还没想”或者无言以对。

其实这些人创业只是一时的冲动，因为一个想法，一点建议，一时的激情就想创业，他们只是说说而已，并没有打算开始创业。就算真的开始了，他们的那些想法也只能为创业埋下了失败的伏笔——也许他们在创业之前已经拥有了启动的资金、创业的激情，但是却缺乏对持续创业的理解、缺乏对竞争的理解、缺乏对生意发展的规划、缺乏对做大生意系统的认识、缺乏对追求财富的渴望，这些都是创业者必须了解和学习的部分。因为要成为成功的1%，需要的不仅仅是激情，更加需要智慧和创业系统的教育。

实际上，创业之前的思考是非常必要的，你对自己的目标有没有系统的思考，有没有和自己的人生规划结合起来，你有没有问过自己：你为什么要创业，你是否有足够的决心，你想要完成怎样的目标，你做了什么样的创业准备等。这些系统的思考，会让你重新审视自己对创业的内心看法。也可以让我们清楚地了解到我们的动机是否正确、是否思考得很成熟和清楚。

创业是勇于尝试的“年轻人”实现梦想的一种途径和方式，但除了要有创新的想法和激情，创业还必须提高自己的财富管理、商业模式设计、团队建设、交流与谈判能力等综合素质。

今天的市场已经非常成熟了，对创业的条件要求也越来越高。即使你看好一个产业或者进入了所谓的蓝海领域，只要生意不错，就会有大批的人迅速跟进。因此，今天的商业环境下，不是在比拼创业者的眼光和捕捉机会的能力，而是更多在考验创业者做强企业的持续经营能力，这对于今天的创业者的综合素质要求越来越高。

然而，这个时代因为市场的成熟给那些真正有决心和有准备的创业者提供了真正的公平机会。

今天的创业门槛提高了，在商业的空子越来越少的情况下，成功创业必须依赖科学规划和管理，而不是捕捉商机的能力，不再仅仅是金钱和资源的游戏。即使你有钱和资源，如果不会创业和不懂管理，也会输得倾家荡产。

彼得·德鲁克说过：“每当你看到一个伟大的企业，必定有人作出过远大的决策。”所以，一个企业能够成就起来，必然是从远大决策开始的。很多人，抱着一腔创业的热情不惜拿出所有积蓄孤注一掷，最后亏得一塌糊涂。创业不能靠匹夫之勇，更要靠脑力和心力。

创业就像打仗一样，如果你会拼刺刀勇敢往前冲，充其量当个开路先锋。命大的话，久经沙场，你捡条命回来，运气不好，一颗地雷就把你撂倒了，就算你力大无穷也叫你无力回天。如果你不是用蛮力往前冲，而是懂得战略战术，知道什么时候该冲什么时候该等，那你就不至于用自己的血肉之躯去下赌注。这就是“蛮力”和“脑力”的区别。

如果你对创业只是一时心血来潮，满腔热血，那就放弃创业吧。创业的路上铺满了荆棘，任何人都不可能预知在创业路上究竟会发生什么样的意外。当你接二连三地经受挫折的时候，你还能继续走下去吗？

创业项目如何选

一般人在创业之初处于两种状态，也是两个常见的误区，一是过于乐观的理想状态，二是处于懵懂的迷茫状态。有些创业青年是由于怀有比较高的热情和动力，因此对自己的所谓“创业项目”特别自信，甚至于极度乐观。往往把创业的前景和未来想象得特别好，也就不具备冷静分析项目可行性的耐心，很容易匆忙上马，而败下阵的可能性也是很大的。

创业之初最缺乏的是经验，可以通过打工，先找一份工作，在工作中可以学习创业的知识，体验经验，积累原始资金，当有了技术，再拥有了经验和资金的情况下，一步一步地发展，实现创业梦想才比较现实。

通常创业项目的选择是一个比较漫长和花费时间的过程，而与之相矛盾的是创业时机则很可能又是稍纵即逝的。如何把握好这关键的“临门一脚”，也是至关重要的。创业时机的判断对于多数创业者来说，新项目的发掘已经不是问题了，关键的问题就是怎么来判断项目的价值了。

首先，光凭感觉是非常不可靠的，商机判断方法基本上是两个方面，一个是项目，一个是创业者。项目又是两个方面，一个是项目本身，一个是项目方。创业者是创业主导者和创业团队。从项目本身来判断，最重要的一点是从市场角度来判断，这需要注意六个方面：

第一，是考虑项目的市场位置。通常来说对于缺少经验的创业者，他们喜欢那种全新的项目，市场上从来没有的项目，实际上这不是一个好方法。最好的市场是度过了萌芽期，这样才能比较平稳。而成熟的项目也不是好项目，等于是在成熟的项目里面“陪嫁”，没有风险议价，也就得不到风险“溢价”了。

第二，是市场的产品比较。如果创业项目在价格上有非常明显的优势，同时在产品质量上又不是很差，这样就意味着一个很大的成功机会。

第三，是特殊需求。当一个产品是市场上从来没有过的新产品的时候，要看是否满足市场上某种人的特殊需求，这个就叫小众产品市场。小众产品市场是创业者的一块金矿，创业者如果能找到这个市场，成功率会非常高。小众产品市场的特点，就是开拓比较困难，但是一旦打开，盈利非常客观。市场非常小，市场竞争小，持续性非常好，所以也不必担心强者来进行竞争。

第四，是项目的控制性。这是判断项目的一个非常重要的方面，比如控制性包括两个方面：一个是硬资源，一个是软资源。硬资源是生产所需要的原材料，如果是创业者能控制的项目，这就是一个非常好的项目。另外一个就是软资源，很多市场都是人为控制的，如果能做好这个市场，那么也有非常大的成功。

第五，是市场结构。包括现在和潜在市场的规模，经营者的数量，销售规模，竞争程度，购买者数量，购买者偏好，购买者对价格变化的敏感程度，产品的成本因素，分销渠道。

第六，要重视的是项目的成长性。一般来说，市场上显示商机的一个最重要的特征就是市场已经开发了，但是现有的供应商不能够满足市场，在这个时候创业者介入进去，成功的把握是最大的。

刚刚创业不久的王鑫用自己成功的案例为创业者把握时机和选择项目做了示范，作为一个毕业三年的大学生，是如何发现创业时机和把握的呢？可以说当时他要辞职出乎很多人的意料，而对于自己创业的快餐行业，更是让很多人觉得不可思议。

其实，个中的原因并不复杂，由于在北京经济开发区工作，他通过在开发区工作，对开发区的快餐需求有了非常详细的了解，发现这里蕴藏着巨大的商机，可以说是通过日常给别人打工发现了商机，并且也利用工作之便，完成了市场的分析和调研。由此，选定了创业的项目，抓住了时机。

由此可见，创业者首选的创业项目应该是自己比较熟悉的行业。

想创业就要敢于冒险

管理大师杰克·韦尔奇说过："胆识是经商的第一关键。"创业是一种极具冒险性的活动，胆识是创业者具备的要素。在英语中，"创业者"这个词是"entrepreneur"，它源于法语，本身就含有"甘冒风险"的意思，这个来源就已经阐释了一个道理——想创业就要冒一定的风险，确定你自己的理想后，就要敢于去做，不能瞻前顾后，畏首畏尾，那样做不成生意。许多人在创业时，极其缺乏胆识，在风险面前像老鼠一样胆小，因惧怕而离自己的理想越来越远。只有那些有胆识去寻找新的蛋糕的人，才会永远拥有美味的蛋糕。所以，聪明的创业者从来都是敢作敢为，想到就要做到。

做任何一件事，都不可能有100%的把握。即使在我们的日常生活中，也时常有风险，只是风险率低些罢了。风险可能会导致你失败，但如果你能化险为夷，那么，你获得的回报将远远比不冒风险做事所取得的回报多得多。

有勇气的人不怕风险，而愿冒风险的人往往有机会得到更好的回报。世界上总要有一个走在前面的人，要不然，就不会有那么多伟人、科学家、企业家和其他杰出的人才。在我们身边，许多相当成功的人，并不一定是他比你"会"做，重要的是他比你"敢"做。只有具备敢想敢拼的勇气，事业才能成功，人生才能精彩。

创业是需要勇气的。有勇气，也就是比别人更愿意冒险。在竞争日益激烈

的今天，很多人可能更多地看重智慧和谋略。其实，在最关键的时刻，敢于冒险的精神往往会起到决定性的作用。尤其是在财富领域，敢于冒险的作用更加突出。

在一个职业经理人的聚会上，大家聊到了这样一个话题：为什么职业经理人很少成为老板？就此问题，大家各抒己见。其中，有一个人这样说道：职业经理人都是有智慧有谋略的人，但老板往往是敢于冒险的人。这句话简直是一针见血。的确如此，职业经理人因为有智慧有谋略，做事通常想得特别通透，难免畏首畏尾，他们当中的很多人是优秀而难以卓越，而不是从优秀到卓越。

如果我们回忆一下上学时的同学，不难发现这样一个现象：往往学习成绩最好的同学，进入社会不一定混得很好；成绩很差但胆子很大的同学，有的却混得风生水起。当年，知识分子抱怨投机倒把，说“不三不四”的人发了财，他们感到心里很不平衡。现在看来也是很公平的。你不敢冒风险，就没有机会，这也是很正常的事情。在各行各业中，有成就的老板基本上都是胆大的人。

干事业是需要被鼓励、被激励的，很多老板往往是被逼出来的，创业路上风风雨雨，坎坷与荆棘密布，唯有勇者才能取胜。没有敢于冒险的精神，就没有超凡的成就。那些事业有成的人，都是勇于承担多数人望而却步的事业风险的。有人说：“天下财富遍地流，看你敢求不敢求。”一句话，就指出了敢于冒险的重要性。

总之，世界上没有免费的午餐，也没有天上掉下来的馅饼。不行动就不可能赚钱，不敢行动就赚不了大钱。敢想还要敢为，不敢冒险就只能是“小打小闹”。试看天下财富英雄，都是有胆识有行动的。当年比尔·盖茨放弃哈佛大学学业，白手起家创办微软公司，具有何等的魄力。美国最年轻的亿万富翁迈克·戴尔，在大学读书时就组装电脑卖，感到不过瘾便开办电脑公司，是何等令人钦佩。甲骨文公司老板埃里森不仅放弃哈佛大学学士，在赚取260亿美金后，还去哈佛大学演讲，鼓动学生退学创业，尽管最终被警察拖下讲坛，但其胆量是毋庸置疑的。他们之所以有今天的业绩，就在于当初敢于冒险，敢于行动。

现在，人们谈论财富越来越多，但许多人说得多，做得少。要知道“说是做的仆人，做是说的主人”。许多经济学家谈论起财富头头是道，但他们当中真正获得财富的人却很少。就像很多股评家一样，评论起股票来滔滔不绝，但他们中间却没有几个通过炒股赚了大钱。如果他们能炒股赚钱，也就不会当股评家了。德国行动主义哲学家费希特说过：“行动，行动，这是我们的最终目的。”要想致富，就要赶快行动，先迈出一小步，然后再迈出一大步。

因此，想要创业成功的人鼓足勇气，突破自己，战胜自己。唯有如此，才能战胜通往财富大道上的一切艰难险阻。财富本来就是属于大众的，大富大贵者宁有种乎？不过是敢于争夺索取罢了。那么，穷人们还等什么呢？不要等到所有条件都成熟，所有条件是不可能都成熟的。也不要奢求万事俱备，万事也不可能有“俱备”的那一天。只要有勇气，没有条件也可以创造条件。至于成败，我们只要坚信“谋事在人，成事在天”就可以了。

歌德曾经说过：“你若失去了财产——你只失去了一点；你若失去了荣誉——你就丢掉了许多；你若失去了勇敢——你就把一切都丢掉了。”这便是对“勇气”一词最好的诠释。

害怕失败就越容易失败

根据“墨菲定理”：

（1）任何事都没有表面看起来那么简单；

（2）所有的事都会比你预计的时间长；

（3）会出错的事总会出错；

（4）如果你担心某种情况发生，那么它就更有可能发生。

我们很容易从中悟出了一个对创业者来说非常重要的道理：如果因为穷而太看重钱，钱就会成为你的拖累，使你彻彻底底地沦为一个怯弱的败者，犯错误并不可怕，可怕的是对犯错误的恐惧。对于一名创业者而言，首先要迈出这道坎——不能因担心失败而止步不前。

很多创业的人都渴望发财，但他们更害怕受穷，他们担心把手中仅有的“本钱”丢了，以后就什么都没了。在最初创业的时候，就深受其害。

朱林出生在一个普通的家庭中，他的父母都是临时工。四年大学把父母积累多年的存款都花光了。大学毕业后他进入一家不错的公司工作，收入也很可观。两年下来手里存了一些钱。后来因种种原因他失业了。当时，他就想用手里的钱做生意。于是他开始四处寻找机会，但当机会出现时，他又不敢出手。他总是担心万一赔了怎么办——父母年岁已高，等着他赚钱养他们；没钱交房租他岂不是要沦落街头；万一失败了怎么面对亲戚朋友；会不会饿肚子……就在这些种种犹豫中他错过了很多次机会。现在回想起来，他就是墨菲定理所说的那样。

深陷恐惧失败之中的朱林未能冲破内心的障碍，几经周折后他不得不再次回到打工仔的行列之中。

朱林常会在心里呐喊："我不甘心给人打工，又没决心迈出创业的第一步。"坐吃山空的道理他也懂，眼看着积蓄越来越少，这样下去怕真要饿肚子了，于是决定去找事情做。可当重归旧路后才发现，他早就已经落伍了。在家闲了一年的他早就已经跟不上行业内的就职要求了。没办法，他只能无限降低就职标准，哪怕到一个文具工厂做计件工。

在这个社会上，有朱林这样遭遇的人不在少数。很多人都徘徊在打工与创业之间，久而久之，创业没成功，还误了工作，甚至这一辈子就完了。

真正的失败是不敢开始。既然不想与平庸者为伍，就要有成功者的勇气。到文具厂工作后，朱林开始渐渐意识到了自己的错误，以前总是担心这个，担心那个，最终落了这么个结果，他在心里暗暗发誓：再有机会，我定会果断出手。

有句话是这样说的：困境中往往酝酿着转机。谁都有落魄的时候，困境可以是你事业的终点，也可以是你事业的起点，这要看你如何对待。深陷困境中的朱林并没有因此而堕落，这反而使他卸掉了恐惧失败的包袱。

"人们常说成功是被逼出来，"朱林说，"我终于体会了这句话的含意。当时，我真算是走投无路了。女朋友辞职后始终没找到工作，我一个月700元钱的工资还不够交房租的。以前存下的钱已经所剩无几。我必须开始行动了——创业是我当时唯一的出路。"

只要行动了，就一定会有结果。哪怕这次没能成功，你也能品尝到失败的

滋味。失败乃成功之母。这道理再简单不过了。

人生一世，能放开手脚大干一场，才不枉一生。至于成败与否，都要等到做了以后才知道。而事实是，这世上没有战胜不了的困难。

功夫不负有心人，经过不断地努力，朱林真就发现了一个不错的机会——代理厂里生产的文具。厂里的一些领导和朱林关系不错，平时总会坐在一起看球，朱林从他们口中得知，厂里正在开展一项业务——开发文具代理商。听到这个消息后朱林非常兴奋——机会就在眼前，如果这次能谈成的话，他绝不会放弃这次机会。朱林找到领导诚恳地与之交流，加上平时工作时留给领导的印象也不错，领导答应朱林只需付一部分定金就可从厂里提货，而且价钱要比其他人低一些。这次朱林没有犯以往的错误，他二话没说就把仅有的存款取了出来交给了厂里的财务部。回家后他说服了女朋友，从她那里拿了些钱在一所中学门口租了一间不足20平方米的门市。“5年啊，我终于迈出了这一步。”朱林感慨地说。

开弓没有回头箭。从你迈出了创业的第一步的那天起，就意味着你必须向前，你不能给自己留任何“退路”，不能有一丝退缩的想法。

朱林文具店终于开张了。开张时正是学生开学之际，生意还算不错，收入超出了朱林打工时工资的几倍。此时，朱林再也不恐惧失败了，他所看到的只有未来的光明。

信心和动力往往是在行动中建立起来的。在行动中建立起来的自信和动力会更加真实、有效。朱林早已退去了恐惧失败的壳，成为了一名信心满满的强者。

一个如此自信的人能不成功吗？说到这里不免有人会问：难道朱林在创业过程中就没有遇到困难吗？他是怎样一改以前的怯弱勇敢地战胜困难的呢？对此，朱林是这样回答的：“一旦你开始了创业，你就会变得勇敢，即使你不想变现实也会逼着你变。遇到困难想办法，这是你唯一的出路。而一旦你这么做了，你总会找到解决问题的方法。”

成功不是偶然，当机遇到来的时候，我们能不能把握住，要看一个创业者是不是具有追求财富的渴望，是不是具有梦想和目标，是不是把失败看作成功

必经的过程，是不是始终坚持、不断探索和伴随环境进行不断的改变。如果能做到上述这些，那么把握机会获得成功就这么简单。

失败不是必然。当机遇来临的时候，我们却还在惶恐中度过，惧怕失败，不愿意改变，没有恒心去坚持，那么机遇必然会擦肩而过，留下的只是你的抱怨。

人脉就是钱脉

一个人事业的成功，80%归因于与别人相处，20%才是来自于自己的心灵。人是群居动物，人的成功只能来自于他所处的人群及所在的社会，只有在这个社会中游刃有余、八面玲珑，才可为事业的成功开拓宽广的道路。没有很好的交际能力，免不了处处碰壁。这体现了一个铁血定律：人脉就是钱脉！

正所谓“得人脉者得天下”。拥有人脉的高手可以左右逢源，对于他们而言，没有办不了的事，也没有谈不成的生意。而一旦人们没有了宝贵的人脉，则必定如履薄冰，寸步难行。在日常生活中，为了办事顺利，广聚财源，你是不是也要积极地去拓展人脉呢?

有人说：“30岁以前靠专业赚钱，30岁以后拿人脉赚钱。”可见人脉在一个人事业发展中的重要性。

在一家研究机构开展的关于“哪类因素对职业生涯影响最大”的一项调查中，“个人能力”被大家公认为第一要素；有1/3的受访者认为机遇起着决定性的作用；人脉的因素被排在了第三位，有1/5的受访者感受到了人脉的重要性。其实这三个因素并不矛盾，往往具有累积加倍的功效。如果你有能力，而且在能力之外还有良好的人脉，那么结果往往是一分耕耘，数倍的收获。

建立和拓展广泛的人脉关系，不是魔术般地一蹴而就的，而是需要多年的时间和精力投入，需要运用一系列的技巧与方法，也就是策略。

策略一：找到你的关系源

为了拓展自己的人脉，你应当将你所有的关系都列出来。抽出一个小时的时间想想你认识并有业务联系的每个人，设计一个能使你最有效地利用这些关系的计划。

确定一下你想在哪个领域多学些知识和经验，然后想一想，谁能向你提供你所想要的东西？尽量列出潜在的可以利用资源，不要有疏忽或遗漏。

另外，你还要不断地与你的小圈子里的人交流，询问他们是否认识某一领域的人。他们的帮助往往又会使你得到更多的人脉，这样延伸下去，你或许就会得到你想要找的人脉。

策略二：培养良好的品格

富兰克林说过："品格，是人生的桂冠和荣耀。它是一个人最高贵的资产，它构成了人的地位和身份本身，它是一个人在信誉方面的全部财产。它比财富更具威力，它使所有的荣誉都毫无偏见地得到保障。一个人的品格，比其他任何东西都更显著地影响别人对他的信任和尊敬。"

因此，要想使自己成为一个真正对别人具有吸引力的人，必须摆脱"投机"心理，克服"耍小聪明"和"算计"的毛病，培养自己良好的品格。

策略三：办事有尺度，说话讲分寸

《文中子·魏相》有言："不责人所不及，不强人所不能，不苦人所不好。"办事有尺度，说话讲分寸，才能使人脉得以顺利地拓展。

具体来说，要把握好以下几个方面的尺度：

第一，不要强人所难。为人要自爱，能不麻烦别人就应当尽量不麻烦别人。如果大事小情都要假手于人，那么别人就会对你敬而远之，退避三舍，你就难以再继续和人交往了。

第二，非万不得已，在一件事情上不要同时请几个人帮忙。尤其是在当有人已经肯定答复给你办的情况下，你再这么做，就是表示对人家不信任。

第三，求人帮忙不要反悔。确实需要别人帮忙的事，要事先讲清楚要求，否则别人就会感到为难，那么谁还会愿意再帮你呢？

策略四：巧妙地让人欠自己一份人情债

知恩图报，是一般人都有的普遍性心理。假如你能巧妙地让别人欠你一份人情债，日后十有八九都会得到对方的报答。你可以无意识地这样做，也可以

有意识地这样做。但不管怎样，你都不必刻意等待报答结果的到来。

当然，有时候这需要你的付出。更多情况下，你可能只是送一个顺水人情，根本不需要自我牺牲。

策略五：善于发现别人的优点和价值

战国时期，齐国的孟尝君素以门客众多出名，号称有“门客三千”，而且其中什么样的人都有。

孟尝君出使秦国时，遭人谗言陷害，秦昭王将他囚禁起来并想杀了他。危急之时，有门客向孟尝君建议，可以向昭王的一位宠妃求救。

不料，那个宠妃告诉孟尝君说，她想要孟尝君已经献给昭王的一件白狐裘。这一下可难倒了孟尝君。正在他无计可施之时，有一位曾是偷盗之徒的门客说，可以帮助孟尝君弄到白狐裘。于是，他施展绝技，很快将白狐裘盗了出来，献给那个宠妃。宠妃便暗中派人打开城门，放孟尝君等人逃走。

走到函谷关时，正是夜半时分，城门须到鸡叫时方可开门。但时间紧迫，等到那时秦昭王可能已经发现孟尝君逃走并将派兵来追。孟尝君心急如焚，害怕追兵到来，但又没有办法叫开城门。

此时，又有一位门客挺身而出，他说自己善于学鸡叫，可以给守关士兵造成错觉，使他们打开城门。果然，这个人学了几声鸡叫后，函谷关的守门士兵误以为天将近晓，便把城门打开了。

结果，孟尝君顺利地逃出了函谷关，回到齐国。孟尝君能够逃出牢笼，大难不死，靠的并不是什么谋士大将，而是所谓的“鸡鸣狗盗”之徒。

从这个故事中，我们可以明白这样一个道理：无论什么样的人，都有其价值和优点。因此，我们应该广泛与各种各样的人交往，并充分发现和发挥每个人的特殊价值，使不同的人际关系都能给自己带来好处。

策略六：来点儿感情投资

现代人生活忙忙碌碌，没有时间进行过多的应酬，日子一长，许多原本牢靠的关系就会变得松懈，朋友之间逐渐淡漠，这是很可惜的事。

“问世间情为何物，直教人生死相许”，任何一个普通人都难逃脱一个“情”字。尽管当今社会流行“认钱不认人”，但是“人情生意”却从未间断过。人们既然能够为情而死，那么为情而做生意又有什么不可呢？所以，拓展人脉也需要感情投资。

策略七：放长线钓大鱼

战国末期，秦国的公子异人被派到赵国做人质。当时吕不韦正在赵国经商，他是一个十分精明的生意人，独具慧眼地发现异人是“奇货可居”。

于是，吕不韦花费心思去有意结识异人，很快便成为异人的心腹至交。

不久，吕不韦又多方疏通关系，帮助异人脱离赵国，回到了秦国。在吕不韦的帮助下，异人争到了继承王位的机会，一下子当上了秦王。

自此，吕不韦因深得异人的信任，也开始飞黄腾达，做了秦国的宰相。他是一人之下，万人之上，可谓权倾一时，对秦国后来统一天下做出了贡献。吕不韦的成功是由一点一滴的努力积累起来的。他有眼光，更深谙“放长线”才能“钓大鱼”之理。这与那些渴求急功近利的人相比，确实是大不相同的。也正是因为这一点，他得到的回报也是别人所无法比拟的。

从这个故事中我们懂得：在拓展人脉时，不要仅把眼光盯在那些正在走红的热门人物的身上，还要善于选择，用发展的眼光来看待交往的对象。如果一味地“趋热灶，避冷灶”，那就会落入俗套，反而难以成功。

俗话说：“一个篱笆三个桩，一个好汉三个帮。”风筝高飞，要借助风势；卫星升空，要靠火箭助推。一个人在事业上要想获得成功，除了靠自己的努力奋斗之外，有时还需要借助他人的力量，只有这样才更容易获得事业上的成功。

[第十一堂课]

做钱的主人不做钱的奴隶：年轻人赚钱有道

有句话说得好，不做金钱的主人，就会做金钱的奴隶。当金钱在我们的生活变成一个不可或缺的角色时，越来越多的人热衷于追逐金钱，把自己变成一个“钻到钱眼”的人，而这些围着钱打转的人，却忽略生活本身……

不要放大金钱的力量

不做金钱的主人，就会做金钱的奴隶。也就是说，对于每个人来说，都一定要掌控好金钱，去做金钱的主人！

所谓要做金钱的主人，就是要正确地看待金钱，不要被金钱所摆布。在当今物欲横流的社会，谁都离不开金钱，所以，有人会说：金钱不是万能的，但是没有金钱是万万不能的。也有人说，有什么不要紧，千万不要有病；没有什么都无关紧要，千万不要没有钱。不知从什么时候开始，金钱在我们的生活中扮演着一个不可或缺的角色，我们的生活好像每一天都在围绕着金钱打转，一切有可能赚到金钱的事情大家都热衷于搀和，一切有关金钱的话题人家都热衷于谈论。

有些人十分肯定金钱的作用，他们认为：那些觉得金钱不重要的人是虚伪的，他们道貌岸然地跟金钱划清界限，以证明自己的清高，可是在他们的生活中，如果一天没有金钱的支撑，他们连糊口都是问题。他们总是一遍又一遍地说，金钱不会带来快乐。金钱怎么会不能带来快乐呢？想想那些舒适的房子、可口的美食、惬意的旅行，这些都是要金钱来支撑。而那些金钱匮乏之人的惨状，又是多么触目惊心啊，他们没有自己的家，只能在公园的长椅上过夜，吃不到有营养的食物，只能等待政府的救济面包，如果有人对他们大言不惭地说什么金钱无法带来快乐，他们也许会跳起来给你一记耳光。

这些人关于金钱重要性的阐述固然有一定的道理，但是，不可否认的是，金钱和快乐并不能完全挂钩。那些穷困潦倒的人也许没有快乐可言，但有一些千万、亿万富翁，同样是闷闷不乐的，其程度甚至还远远超过那些贫穷的人。

金钱可以带给人们吃穿住行，甚至是奢侈的享受，但这些跟快乐还有一定的距离。首先，我们每个人获得金钱的来源是否都是光明正大的？如果一个人用非法的卑鄙手段来获取金钱，那他一定不会快乐，他会随时提防着别人发现他的秘密。一个因为非法获得财富而被判重刑的人说："我真是太傻了，金钱带给我的只有灾难，想想从前那些贫穷但是自力更生的日子是多么快乐啊！"这句真情流露的话足以给我们以启示，当然金钱也并非他想象的那样只会带来灾难，关键是他获取金钱的方法不对，即使他没有被抓获，逃脱了审判，他也不会快乐，他的良心也会受到煎熬。

我们再来看看那些合法获得大量金钱的人们，有一些有钱人，他们通过自己勤勤恳恳的经营，换来了巨大的财富，但是他们中间真正快乐的人寥寥可数，大多数人被工作的压力弄得愁眉不展、笑口难开。如果你对他们说金钱和快乐成正比，他们也许会冲你苦笑，因为在他们的世界里，快乐也许只在电视机里存在。

人活着需要钱，但不能只为钱而活着。钱是生活的条件，但不是生活的唯一，在现实生活中有很多比钱更重要的东西。那些真正快乐的人，未必拥有惊人的财富，他们明白自己想要的是什么，该如何获得。钱不过是我们的一个工具，就像划船时用的桨一样，如果没有这个桨，我们哪里都去不了，但是我们在人生的大海里面航行，太多的人错把手里的"桨"当作航行的目的，这岂不

是太荒谬了？

看看你的周围，到处都是钱。钱每天都在世界各地流通。你和亿万富翁见到钱的机会是一样的。不要老想着百万富翁和你不同。我们都有我们独特的天赋、能力、技术，智慧，只要充分利用它们，我们就可以轻而易举地成为百万富翁。百万富翁跟一个穷人之间的唯一的区别是：百万富翁们能够充分利用他们的技术和天赋，成了钱的主人，它们则让他们成了百万富翁。

有钱人跟你想的不一样

如何对待金钱，决定了一个人会成为富人还是成为穷人。

比尔·盖茨是当今世界上最富有的人之一。他多年雄踞世界首富宝座，其个人净资产已经超过美国40％最穷人口的所有房产、退休金以及投资的财富总值。例如，他6个月的资产就可以增加160亿美元，相当于每秒有2 500美元的进账。

比尔·盖茨之所以能够成为多年雄踞世界首富宝座的人，是因为他身上具备了许多常人所不具备的优点。其中，他对待金钱的态度和方式，特别值得我们学习。例如，比尔·盖茨那令人肃然起敬的节俭意识和节俭精神就值得我们效仿。

从微软创业时开始，比尔·盖茨就非常注重节俭。有一回，兼任微软总裁的魏兰德将自己的办公室装修得非常气派，比尔·盖茨知道后非常生气，认为魏兰德把钱花在这上面完全没有必要。他对魏兰德说，微软仍处于创业时期，一旦形成这种浪费之风，很容易阻碍微软的进一步发展。

后来，微软成为了软件业营业额最高的公司，但比尔·盖茨的这种对待金钱的态度还是没有改变过。1987年，还是在比尔·盖茨与温布莱德相好的时候，一次，他们在一家饭店约会，助理为他在该饭店订了一间非常豪华的房间。比尔·盖茨进门后，看到里面一间大卧室、两间休息室、一间厨房，还有一间特大的、用于接见客人的会客厅，忍不住骂道：“这么奢侈铺张，究竟是

哪个混账东西干的好事？”

有一年，他去中国台湾做演讲。下了飞机后，他就让随从去宾馆订了一个价格便宜的标准间。很多人得知此事后，大惑不解。在比尔·盖茨的演讲会上，有人当面向他提出了这个问题：“您已经是世界上最有钱的人了，为什么还要订标准间呢？为什么不住总统套房？”

比尔·盖茨说：“虽然我明天才离开台湾，今天还要在宾馆里过夜，但我的约会已经排满了，真正能在宾馆的这间房间里所待的时间可能只有两个小时，我又何必浪费钱去订总统套房呢？”

比尔·盖茨一年四季都很忙，有时一个星期要到四五个国家召开十几次会议。每次坐飞机，他通常都坐经济舱，没有特殊情况，他绝不会坐头等舱。

有一次，他应邀出席在美国凤凰城举办的电脑展示会。主办方事先给他订了一张头等舱的机票，他知道后，没有同意他们的做法，最后硬是换成了经济舱机票。还有一次，比尔·盖茨要到欧洲召开展示会，他又一次让主办方将头等舱机票换成了经济舱机票。

即使腰包里再有钱，但比尔·盖茨从来没有用钱摆过阔。在对待金钱的问题上，比尔·盖茨有这样一句名言：“花钱如炒菜一样，要恰到好处。盐少了，菜就会淡而无味，盐多了，则苦咸难咽。”他自己一直都坚持把钱花得恰到好处。

都成世界首富了，还在花钱上斤斤计较，是因为比尔·盖茨小气，吝啬到已成为守财奴的地步了吗？当然不是。事实上，比尔·盖茨并不是守财奴——比如，微软员工的收入都相当高；而且，他还为公益和慈善事业一次又一次地捐出大笔大笔的善款。他还表示，要在自己的有生之年把95％的财产捐出去……

其实，世界上所有屹立不倒、财富常青的富豪都能够正确地对待金钱，他们绝不会为了摆阔或者炫耀自己而铺张浪费、极尽奢华，绝大多数时候，他们都身体力行地厉行节约，然后把钱用在最该用到的地方上去。

在现实生活中，很多人往往只注意到了那些有钱人所拥有的巨额财富和所取得的辉煌业绩，却很少留意他们的对待金钱的态度和方式，其实这里面才真

正蕴藏着致富的秘诀。

绝大多数白手起家从无到有的富人，都能正确地对待金钱，都有不该花的钱就绝不乱花、该花的钱也绝不含糊地花的特点。而那些勤劳却不富有的人呢？他们并没有养成正确对待金钱的态度，他们总是非理性地花钱，计划性弱，随意性强。

仔细想一想你周围的朋友和亲人在消费时的状况，家里有钱的人或者是赚了很多钱的人，在他们的日常生活中似乎都不会太浪费。如果你认识那种有钱但消费却不是很节制的人，就请更仔细地观察他们的生活习惯。他们这种人如果不是暴发户的孩子，那就很可能是假装有钱的人，而不是真正的有钱人。

真正的有钱人在对待金钱方面是很有条理的。他们不会在没有用的东西上浪费一丁点儿钱，但在觉得有必要投资的东西上，他们却一点儿也不会吝啬。他们知道如何恰当地花钱，既能给自己带来收益，也能够造福他人，造福世界。

赚钱不是唯一的工作目的

“虽然待遇好，但是工作忙碌，压力大，像做牛做马一样，苦不堪言，每天过得非常不快乐，身体也累出一身病来！”这是某科技园区高收入电子科技工作人士的心声。

电子科技人员属于高收入的群体，基本都是月收入上万，这是一般上班族都向往的高薪人群。但是，这些高收入的科技人员为了领取高薪，每天工作十几个小时，除了付出体力、脑力外，还要承担压力，等于把自己整个人卖给了公司，真是“爱拼才会赢”，赢得一身病痛和不快乐。

总是为了赚更多的钱拼命工作，以至于最终成为了“要钱不要命”的金钱奴隶，彻底忘记了休息，忘记了节假日，每天忙忙碌碌却依然觉得空虚。

工作的目的是什么？是为了赚更多的钱或者令人羡慕的职位？但是只为了这些而工作，你觉得快乐吗？

如果对工作缺乏热情，只是为了薪水或者高职位而工作，很可能既赚不到钱，或者赚到钱也找不到人生的乐趣。其实快乐的工作，才能够让人体会到人生的充实和工作的意义。

有一对夫妻感情很好，生活也过得很富裕。丈夫开了一家公司，生意红火，他没日没夜地忙碌，很少在家。女儿在外地读大学，每逢寒暑假才回家。妻子一个人在家，终日无所事事，日子过得并不快乐。

丈夫看到妻子在家闷闷不乐的样子，很担心她会闷出病来，就对她说："你去亲戚朋友家串串门吧，跟他们聊聊天、打打麻将，你会开心的。不要整天待在家里，会很闷的。以前的生活是围着孩子转，没有自己的生活空间，现在好了，有时间了，好好利用。"

于是妻子就去亲戚、朋友、邻居家里串门、聊天、打麻将，果然开心了一段时间。但是话题聊完了，麻将打腻了，她又变得不开心了。

在家的这几天，妻子想了好多，她觉得丈夫说得很对，现在要好好规划一下，充分地享受生活，不能再这样浑浑噩噩下去了，要为自己而生活。

于是，丈夫回来后妻子对他说："我想开家花店，这里还没有人开，一定能赚钱。而且我一直很喜欢花，以前就有过这样的想法，只是一直没有去做。既能赚钱又感兴趣，一定会做得非常好的。"丈夫说："这主意不错。只要是你喜欢就放手去做吧，我支持你！"

花店很快就开张了。妻子每天去花店做生意，变得忙碌起来了。来买花的人很多，妻子干得很开心，还认识了不少人。看着她开心的样子，丈夫也很开心。可是过了几个月，丈夫算了一笔细账，发现妻子根本不是经商的料。

她经营的花店不但不赚钱，反而赔进去不少。

后来有一个朋友问他："你老婆的那家花店还开吗？"他说："还开。"

"是赚是赔？"他说："赚。""赚多少？"他神秘地一笑。经再三追问，他才悄悄告诉朋友："钱是一分没赚到，赚的是快乐。"

我们的乐趣来自内心的使命感和价值感。一个人对工作的热爱程度决定了他的工作价值，同时也决定着他生命的价值。浮躁的人无法从价值的角度来看自己的薪水和工作。从本质上来看，工资只是劳动价格，工作的实质是

为了创造价值，服务客户。明白了这些，我们才能抓住工作的核心，体会工作的快乐。

我们生活在这个世界上，不管从事何种工作，我们最重要的目的就是通过工作不断体现自己的价值，丰富自己的人生，克服逆境不断提高生命质量，让自己生活得更快乐。科学研究也证明：心情好的人最能发挥潜力；快乐能提高效率、创造力和正确决策的概率；快乐的人有开朗的思想，而且也会把快乐感染给别人。

你是真的缺钱吗

在你大肆消费或者为自己缺钱而心忧的时候，你可以想想：你为什么缺钱？你真的缺钱吗？你需要钱来做什么？你是需要钱来解决温饱，还是需要钱买大房子、买豪车？前者是实际需要，后者是心理需要。实际需要是只有钱可以达成的，而能够达成你心理需要的，除了有足够的钱来帮你达成，还有一种方法就是放弃这种需要：降低你的心理需要。

当你感觉“赚钱好累……成了‘孩奴’、‘房奴’、‘车奴’，要崩溃了……”的时候，你可以仔细考虑下，你是不是在成为金钱的奴隶？你是否想要获得实际上你并没那么需要去东西？你是为了实际需要去赚钱，还是为了心理需要而赚钱？

唐欣一直都觉得自己很穷。她从上海外语大学毕业后就到一家外企的海外业务部，凭着她特有的勤劳苦干，终于在四年内成了部门主管，每月忙死忙活加班加点可以得到月薪税后8000元，加上各种提成，除去税一年能拿到12万的样子。

现在住的是一个51平方米的小公寓。跟很多80后一样，同时也是“啃老族”，3年前就用父母的老底买了这个小公寓，幸好她买得早，不然在她看来现在是按揭都按不起了。

尽管她也算是有房族，而且不用还月供，但她还是觉得自己真的很穷。

每月的工资是8000元，是除了每个月有些该花的钱是逃不掉的，比如每月要付物业管理费、水电煤气上网费、清洁费等1500元，吃饭非常节省但还是要1500元，购物1500元，其他费用1500元，平时她也不敢过多的交际、大型购物，很多会花钱的地方都坚决避开，本着这种节省的原则，她算下来每月只能存下3000元左右。

可是，她总觉得，3000元能干吗呢？尤其是在上海这个地方！3000元不够来回飞一趟老家看父母的机票吧？哪天有个急事需要钱，这3000元能用来干吗呢？上海竞争这么激烈，我要是哪天失业了，不够支撑我在上海正常生活一个月吧？我是定了要在上海生活的，以后要是成家，这51平方米的小公寓肯定是不行的，我要存多少个3000元才能够付一个100平方米房子的首付啊？多少个3000元才能让我顺利买到一部车而且养活它呢？……

因为穷，毕业4年，她从来没出去旅游，一次舒服点的旅游要花去她近半年的存款；她1年里跟同学朋友的聚会不超过3次，聚会是个费钱的事，好好地聚会一次少说也要花掉上千元。于是到后来，约她一起旅游、聚会的朋友越来越少，他们知道她会拒绝。

而且唐欣越来越觉得新的《劳动合同法》使得自己以及周围的人的工作竞争越来越大，压力也越来越大，自己得好好工作好好存钱。在新的一年里，她还想找个翻译的兼职，补贴家用，这种穷日子她觉得她真是受够了。

唐欣，25岁，年薪12万元，房子是现成的不用供，每月可以积攒下来3000元左右还觉得很穷，唐欣应该是个有忧患意识的人，这点是不错的。但是这种总觉得自己很穷而拒绝和同学朋友的交流的做法就未免太过头了。归根结底，唐欣所缺少的不是钱，而是内心的安全感；同时她认为钱可以带来她所需要的安全感，所以对钱有无止境的渴望。

像唐欣这种薪水比较高，同时又没有特别大压力的人还觉得自己很穷的，主要是因为内心没有安全感。这一类人应该和家庭建立更紧密的联系，和家人常联系，可以获得更多安全感。也需要和朋友增强联系，如果觉得朋友聚会的花销大，打打电话，和好友逛逛公园也是可以的。强大的社会支持系统能增强安全感。最后，这一类人可以对自己的私人财富进行一次大盘点。房子、票

子、桌子、鞋子，甚至私人收藏的小瓶子，都是私人财富；还有爱我们的家人、朋友，自己的学位、工作经历、能力特长和优点，也是无价的私人财富。经过这样的大盘点，你可能会发现，自己其实很富有。

有钱并不代表就一定“富有”

现今的大多数人对财富充满了极大的占有欲，金钱差不多成了衡量成功与否的标志，成了世间一切财富与尊严的象征，它既然成了一切欢乐的根源，同时也可能是一切痛苦的深渊。

金钱财富毕竟是身外之物，生不带来，死不带去。虽然靠金钱可以办到很多事、买到很多东西，但是也有许多事物是金钱买不到的，或是金钱所无法满足及取代的。例如金钱买不到健康、快乐、心灵的满足、知心的伴侣及幸福美满的人生。所以，我国台湾首富郭台铭曾感叹：有钱人通常都不太快乐！可见，有钱人仍有其某一方面的“缺乏”、“贫穷”之处，并不是真正富有的人。真正富有的人，不仅只是拥有金钱财富，也追求心灵的充实、健康和谐的人生，甚至不单只是独善其身，而且能兼善天下，愿意去帮助他人，贡献社会人群。所以，一个人只有银行的存折还不够，还要有健康存折、行万里路读万卷书存折及行善积德的存折等，这才是全方位富有的人。

“我们生活的中心是什么？”对于这个问题，大家可能各有各的看法，但是在一次调查问卷中，有不少人都填了这样两个字：赚钱。在这个充满物欲的世界里，赚钱成为生活的中心，貌似与时俱进、理所当然的事情，大多数人每天都要为赚钱而奔波劳累，发薪水的那一天成为他生命中的一个个坐标，发了6次薪水，意味着半年过去了，发了12次薪水，意味着一年过去了。如果一个人能活到100岁，那生命对他来说也不过就是领1200次薪水而已，何况还有一些所谓的成功人士领的是年薪，想到这一点，你会不会觉得有点不寒而栗呢?

赚钱当然无可厚非，我们用自己的双手来养活自己，这本身就是一件值得骄傲的事情。如果一个工人在做了许多艰辛的工作后没有得到任何报酬，那是

无论如何也说不过去的。但是有些人想要得到的财富远远多于自己的需求，他不是因为在实践理想的过程中意外地得到了巨额财富，而是他的理想本身就是谋利！

如果我们每个人都让赚钱谋利成为自己生活的重心，那离世界的末日也不远了！想想看，没有了那些为了理想而不计报酬的人们，那么生活该是多么冰冷，就像一台巨大的机器一样，麻木而机械地转动着。没有人在微风习习的四月写一首小诗，因为无法谋利；没有人在甜蜜的仲夏夜弹奏，因为无法谋利；那些慈善机构也将纷纷解散，因为无法谋利！

好在我们的世界并不是每个人都如此贪婪，当我们有这种赚尽天下财富的妄想时，不妨想想那些数以百万计的底层劳动者，他们干的是最脏最累的活，报酬却少得可怜，还有一些人因为种种原因只能靠救济金维持最基本的生活，“谋利”这个词从来都不曾出现在他们的字典里，他们所渴求的只是拥有温饱的生活，不再忍饥挨饿。而另外一些人，通过一些手段聚敛了大量的财富，或者一出生就继承了庞大的财产，生活对于他们来说只是意味着如何来更好地挥霍而已，这种人要么是为富不仁，要么是寄生虫，我想大多数人都会为他们感到羞耻。

现在让我们把目光聚焦在另外一些人身上，他们是理想主义者，为了自己的理想而不计报酬地奋斗着，他们中有传教士、乡村老师、科研人士、民谣歌手、诗人、摄影家、慈善工作者、新闻记者等，他们所从事的事业，有时不但不能回馈给他们丰厚的报酬，反而会给他们带来孤独和磨难，但是人类的希望正是寄托在这些人身上，他们或许会为了生存暂时与生活妥协，但是这种妥协只是一种出于战略战术上的考虑，他们永远不会放弃自己最初的梦想。正是由于这些梦想的存在，才让我们变得更加美好。

小生活自有小情调

如今，盲目的攀比成风，导致很少人真正懂得享受生活、发现幸福，因此

形成了错误的价值观、人生观，以为只有穿名牌、用名牌才是上层人的生活，以为只有过上等人的生活才会幸福、快乐。其实不然，我们过日子，讲究的是实在、舒适，名牌或者高价的东西不一定带给我们高层次的享受。

其实，生活的品质与金钱并没有直接的关系。例如，大肆将钱挥霍在牌桌上的人与安静坐在图书馆里阅读书籍的人，谁的生活品质更高一些呢？毋庸置疑，阅读的人品位更高一层，节假日与朋友到郊外踏青，在游玩的过程中放松身心，愉悦的同事还增加了朋友间的感情，不比到娱乐场所消费的生活质量差。

学会用合理的钱来打造高品质的生活，不一定钱花得少的生活就是没有质量的。生活品质是各人对待生活的态度，只要有健康的身体和饱满的热情，加上适度的物质，我们平凡的生活照样可以过得很有品质。

1. 丰富自己的内心：多留一点时间给自己，多读一些书，多出去走走，看得越多，才会想得多，比起那些把时间耗费在追求金钱和物质上，这样才会自己的内心世界丰富起来。看书不需要花很多钱，现在很多城市都有公立的图书馆，而且很多书店也免费让顾客读阅；多出去走走就是不要整天宅在家里或者一天都在一些娱乐场所度过，可以在繁华的市中心逛逛，也可以在安静的路上走走，也可以自己背包去别的地方穷游一番，总会有些收获。

2. 提高自信：现代社会竞争激烈、压力繁重，真正能战胜自己的人才能战胜别人。过分地不自信和缺乏安全感只会还没上战场自己就先投降了。多爱惜自己，当加班两个小时后，告诉自己要爱惜自己，如果身体就此垮掉，怎么继续以后更长的奋斗之路呢？而且，你想想看，一个经常需要加班的人，会不会给人造成"因为他工作效率低，所以经常加班"的印象呢？

3. 建立良好的人际关系：包括和家人、朋友、同事的关系。当你拥有强大的人际支持系统时，无论在生活上、工作上遇到什么样的困难，你都不会那么害怕，因为你知道有许多人会无私地给予你情感的、智慧的和经济的援助。

4. 巧妙释放压力：倾诉，多向你信任的人倾诉你在收入方面的苦恼，释放自己的压力；用自嘲和幽默化解压力——比如，如果你的上司开着奔驰上班，而你骑着电动车上班，你不妨想："哼哼，要是遇上堵车，我才是真正的'奔

驰’。”或者，你和爱人没钱买大房子，只能先买套小房子，你可以想：“爱的小窝就是要‘小’一些才更温馨。”

小生活平凡而简单，没有金钱堆砌起来的锦衣玉食，也没有豪华浪漫的……但是小生活才是真正属于我们的生活，才是真实的生活。

努力赚钱才能努力花钱

失业率居高不下，“穷忙族”的人口也不断攀升。月光族是步入穷忙的开始，所以一般人想要走出“穷忙”的圈子，首先应该要避免成为月光族。因为一旦成为月光族，即容易入不敷出，而出现负债情况。一旦负债，生活就会有压力，日子就难过了。

“先享受，后付款”、“免头款，零利率”，通常是制造穷忙族的第一个元凶，专门把年轻人每个月的薪水榨光光，结果变成“先享受，后破产”、“先享受、后痛苦”，然后为了还钱，拼命工作，先穷后忙，所以要避免成为穷忙族，第一要务是千万别听信或掉入“先享受，后付款”、“免头款，零利率”的坑钱陷阱中。

摆脱穷忙的根本之道，首先要彻底去除“先享受，后付款”的想法，改为“先努力赚钱，后享受”的做法。没钱，不花，也不刷卡；有钱，先定额定存，再花用。而且先努力赚够钱，再来享受，这样也比较心安。如此才能渐渐远离穷忙，进而累积财富。

虽然花钱非常快乐，储蓄十分痛苦，但若是不顾后果地疯狂购物，那么结局只是更痛苦。有句话是这么说的：“没有志气的人，连神都不会帮他。”

钱能使人产生两种相反的快乐。一种是花钱的快乐，另一种是赚钱的快乐。你是要选择花钱的快乐，还是要选择赚钱的快乐呢？不同的答案会让你拥有不一样的人生。如果赚了一点钱，就去刷卡消费买自己想要的东西，那就表明了这是一个消费毫无节制的人。若你不是出生于有钱人家，或是有妄想症把自己当作有钱人，那么是没有理由这样做的。你应该在看中一样东西后反复地

考虑，这件东西到底是不是自己需要的，会不会在买了之后就立刻后悔等问题，等你都想好了之后再购买也不迟。

从另一方面来看，若先体会到了花钱的快乐，那么你可能永远都不会知道存钱的快乐了。穷人有了一点点钱之后，就会先想把这钱用掉了再说。想买的东西都买了，想吃的东西都吃了之后才开始后悔："早知道应该先想想再说。"但这也是暂时的后悔而已，因为他们早已养成了无度消费的习惯，连定期储蓄的快乐也不知道，最后就这样终结掉了自己的一生。

任凭自己的欲望来指引行动的感觉，一时真的很让人着迷。可以在任何情况下都不管不顾，发现中意的商品就立刻买下来；有想吃的料理就先吃了再说；为了满足自己不切实际的想法，不考虑将来就先去做。然后呢？无论是向银行贷款，还是跟父母要钱，又或者通过不正当的手段获取……这些都是不负责任的行为。

比起痛苦，人们会本能地选择快乐。在年轻的时候，比起自己的内在，大多数人会更在意外在的东西或者满足自己一时的欲望。可是经过这样短暂的快乐之后，随之而来的却是更长久的痛苦，到最后也只能后悔了。

小婷是一位大学女生，同许多女孩子一样，爱美追求时尚，花钱很没有节制。小婷毕业之后因为找不到好工作就去报考研究生。但她要靠自己的力量来交学费是不可能的事，所以就伸手向父母要学费。不仅如此，她还以就读研究生的名义，向父母以及兄弟姐妹们借了一些钱，买了不少没用的装饰品。

小婷的房间里全是些乱七八糟的东西。在那么多的衣服和小饰品里没有一件是有价值的。她买的数十个皮包全都是"A货"（几乎可以假乱真的名牌仿冒品）。有时路过一些小摊贩，看到价格便宜就买了，后来自己不常用，就转送给朋友和同事。随着时间的流逝，她留下的都是一些没有用的东西。那些都是当时比较流行而且价格低廉的商品，但现在却变成了没有价值的"收藏品"。

完成研究生的学业之后，小婷马上就结了婚。看她以前生活的样子，这个选择也许对她来说很合适。但是真正的悲剧不是过去，而是从现在才开始。她由于没有辛苦赚钱的经验，所以就把老公每月辛苦赚回来的薪水，当做自己过去念书时的零用钱一样毫无节制地花着。年轻的时候因为养成了不好的用钱习惯，所以对于她来说，老公的信用卡就像是阿拉丁的神灯。

小婷连买衣服和小饰品的钱都不够，却在那间没有多大的房子里添置了许多没多大用处的厨房用品。比起用老公每月给的钱，她用得更多的是信用卡，为了得到更多的钱，她还偷偷地背着老公办了一张利息很高的信用卡，用来买自己喜欢的商品。在其他夫妻都在携手努力理财的时候，她却弄得整个家负债累累。不仅如此，她不但没考虑过改掉这种不好的习惯，还一直埋怨老公的薪水太少。

小婷的家庭不仅开始过着负债累累的生活，还浪费了许多赚大钱的时间。如果她不改掉乱花钱的坏习惯，就很难从穷人的生活中逃脱出来，可能会过着悲惨的生活来度过自己的余生。

虽然现在还年轻，而且还有份稳定的工作，所以能有稳定的收入来过快活的日子，但是人总有一天会老去，收入又能稳定到何时呢？为了使用齐全的厨房用品，就先买一个很大的房子吧；为了让自己穿上好看的衣服，就先让自己的内心充实吧！

你是先购买房子再去添置厨房用品呢，还是先购买了昂贵的厨房用品之后，将它们搬到租来的破房子里呢？你是把少得可怜的月薪用来购买高档的化妆品和流行的服饰呢，还是先充实自己，并把自己的专业技能提高后才购买适合自己的东西呢？这些不同的选择就决定了你的财务状况，也会影响你的一生。

[第十二堂课]

每个人都有资格“富闲”：富≠有钱，闲≠享乐

富≠有钱，闲≠享乐。享乐并不只属于有钱人，有钱人不一定过得开心，小老百姓只要会过日子，千万富翁都会羡慕。每个人都有资格“富闲”，而只在于你是如何去经营你的工作和生活。有的人，十块钱都能获得开心；有的人，即使给他一百万，他也依然买不到真正的快乐。真正的“富”，是内心的富足；真正的“闲”，是用心去品味生活。

如何成就起来的“富闲族”

像资产阶级一样有钱，像艺术家一样有闲，生活的精致令人看起来奢侈。不管是在哪儿，或以何种方式消遣，新一代的“富闲人”都走在时尚的前端。他们在占有了资产阶级式物质的同时，还融合了艺术家式的追求与品位。

有闲、有钱、有品位。时尚对“富闲人”来说不是用来炫耀的武器，而是在于自己与它的关系定位。喜欢挑战、追求享受、热爱自然，两手一挥大有“千金散尽还复来”的潇洒。是什么让“富闲人”越富越闲?

自古以来，“穷”和“富”就是明显的对立面，也是生活中的矛盾所在。小时候听到和读到的故事也都与穷富脱不开干系。这些故事里讲述的其实也是现实社会中的一些真实写照——无忧无虑的“富闲”与辛辛苦苦的“穷忙”。

于是，在“穷忙族”出现的同时，还有一批躺着也能赚钱的“富闲人”与之对立。“富闲人”是一群有闲、有钱、有品位的群体，钱是他们享受高品质生活的物质保证，闲是时间保证，品位则是精髓。

21世纪是知识经济的时代，一个由知识和智能主导的时代，“富闲人”们大多都是依靠知识与智慧在这个经济时代称雄称霸，比如比尔·盖茨。

美国微软公司总裁比尔·盖茨的起家，是知识经济时代“躺着也能赚钱”的最为典型的例子，在新经济社会“富闲人”之中，无疑盖茨是其中最顶呱呱的一位。

比尔·盖茨的致富神话，除了让人眼红，还是眼红。劳动创造财富，这是古往今来人人皆知的道理。但是对于“富闲人”来说，即使不用劳动，也同样赚钱。因为，事业具备一定规模之后，就不需要“富闲人”们过多地操心了。我们就拿盖茨的微软公司来说，它没有大规模的生产，没有大规模的原材料消耗，没有大规模的产品堆积，它拥有的只是知识和智能。它的用户遍布世界各地，数以百万计，而且还与日俱增，盖茨不需要多管事情，只管在家躺着数钱就行了，即使他出去游玩，公司也是照样运转，账户一样源源不断地进钱。

这是“富闲人”们靠知识赚来的。美国前总统克林顿认为，比尔·盖茨的崛起预示着在知识经济社会里，自然资源的作用已远不如从前，知识的积累和创造成为财富更为有效的因素。看来，在知识经济时代里，财富的多寡更多地取决于知识的多寡与品质。

像盖茨这样清闲的“富闲人”中国也有很多，比如万科房地产的董事长王石，他酷爱登山，一年中有近1/3的时间在外登山、跳伞，玩极限运动等。王石每次登山的花费都没有低于200万元人民币的，为了娱乐消费这么多钱，值吗？对于王石来说，这并不算什么，根据万科股东大会2006年通过的股权激励方案，2007年，如果公司的业绩达到预定目标，万科集团董事长王石的全年薪酬，包括数百万工资，加上得到的奖励，有望总额突破7 000万元。娱

乐消费那点钱不过是九牛之一毛而已。因为王石在消遣的同时，他的公司照样在运转。

知识经济时代的到来，不但对于国家，而且对于每个人，尤其是对于知识分子，都是一次机遇和挑战。股票大王巴菲特说：“榨出我1克脑汁，加上16 000元资金，就能换来1 000万元的财富。”可见，“富闲”们的“富”和“闲”都是靠智慧换来的。现在，在企业资产中无形资产的比例正在大大增加。据测算，美国1995年很多企业的无形资产的比例高达50%～60%；同时，各类咨询公司如雨后春笋般兴起，咨询业务在经济活动中的重要性大大增加。这也是知识经济的一个重要特色。

中国也有许多“富闲人”是凭借知识谋生并致富的。这些人形成了以出售知识成果换取财富的行业。目前社会中的点子公司、策划公司、咨询公司等都是以加工知识、创造知识为经营对象的组织。据国家工商部门统计，本科以上知识型的人担任企业法人和从事高科技的企业，每年分别以20%～30%的速率递增。新一代的“富闲人”向世人证实了躺着赚钱的重要经验——积累知识、创造知识。

20世纪70年代后，制造业从业人数迅速下降，在工业经济中所占的比重也呈逐年下降的趋势。当今的制造业越来越多地融入了知识和科技的内容。知识经济和资本革命向一切富有知识与智能者提供了前所未有的机遇。因而有很多人借着这些机遇摇身一变突然间成了“富闲”阶级，过上了悠闲的“富闲”生活。

穷忙族与富闲族的差别

对任何人来说，时间也是一种资源，是比金钱还要宝贵的资源，因为时间是有限的，不能将其缩短，也不能将其加长，穷忙族之所以感到忙得不可开交，是因为他们必须在有限的时间内完成某件事情，因此，他们需要不断地跟时间赛跑：平时做事快一点，把工作时间延长一点，从早忙到晚，甚至废寝忘

食，忙得没有了家庭观念，没有了休闲生活，最后忙得心力交瘁，沮丧、无奈，焦虑时间总是不够用。

与穷忙族不同的是，富闲族不仅拥有充足的财富，而且还有大量的休闲时间，他们的休闲却不是游手好闲。在一般人看来，游手好闲是一个贬义词，谁要沾上这几个字，不仅是没有钱的问题，甚至连人格也似乎存在问题，因为这样的人等于是浪费生命。

而富闲族的“休闲”与“好闲”只差一个字，却是人人都羡慕的一种时尚和全新的观念。富闲人似乎总是在扮演引领某种时尚的角色，而穷忙族只能成为这种时尚的跟风者，忙着为这种时尚“添油加醋”，忙的结果是自己的钱包变得干瘪，受益的却是富闲人的钱包。这就体现了富闲人富有的心计，使休闲也具有了无人察觉的商业色彩。

如果用金钱来衡量穷忙族和富闲族的时间价值，两者的差异是非常明显的。穷忙族的时间价值是零，忙半天没有收益，甚至是负值。

以一个刚刚参加工作的大学毕业生为例，在中等城市的平均月薪大概为1 800元左右，按一个月30天计算，平均日薪为60元。按每天8小时工作制来算，一个小时的薪水为7. 5元，如果一天吃一份8元的快餐，就等于一个小时的薪水没有了，再加上住房费、交通费、通信费、生病住院费等必不可少的日常开支，一天下来要消费70元，不要说孝敬父母，养家糊口，就是养活自己还要想方设法地多筹划10元钱，否则就会成为负翁。

而富闲人则完全不同，他们的时间价值用日进万斗来形容一点都不为过。举例来说，被美国人誉为“坐在世界巅峰的人”的微软公司前总裁比尔·盖茨从退学建立微软，再到成为世界首富，只用了20年的时间。曾经有人计算过，比尔·盖茨拥有的财富可以买31. 57架航天机，或者344架波音747，拍摄268部《泰坦尼克号》，买15. 6万部劳斯莱斯产的本特利大陆型豪华轿车。还有人用他个人总资产除以20年中的工作时间，每小时所得为100万美元，再精确点儿，每秒大约有330美元的钞票滚入他的账户！可见，比尔·盖茨的时间价值如此之高，穷国的总统想见他一次，恐怕都要预约。为此，有人创造了这样一个广为流传的笑话：如果有一张500美元的钞票掉在地

上，那么比尔·盖茨不需要去捡，因为弯腰去捡需要4秒钟，捡了500美元却会亏损820美元。

这就是穷忙族与富闲族两者之间相差悬殊的时间价值。而且，在穷忙族那里时间和金钱似乎总处于矛盾的状态，要想获得更多的金钱，就必须牺牲更多的休闲时间，因此，才有了昼夜奋战的忙碌，如果想节省更多的开支，就必须花费更多的时间，因此，为了省钱，从甲地到乙地，穷忙族只能选择公共汽车，如果遇上交通堵塞了，发发牢骚，也不是因为浪费的时间感到可惜，而仅仅是因为等得太久影响了心情。他可能会为在地摊上买东西，小商小贩多收了一毛钱一天闷闷不乐，也不会为虚度一天感到心痛。这就是穷忙族的习惯性做法。

更可悲的是，即便上帝卸下他们生活上的经济压力，给了穷忙族更多的闲暇时间，他们也不知道应该怎样打发，闲来无事酒桌上胡乱吃一顿，忙着到麻将桌上搓几把，时间长了，给自己带来的不是生活上的愉悦，而是一种莫名的空虚，玩烦了，玩腻了，最后都不知怎么玩了，反而嫌时间过得太慢，闲适的生活变得毫无生趣，人也闲得无聊，无聊就容易颓废，颓废就容易松弛，松弛就容易散架，散架就容易一蹶不振，身心一无是处，生活一落千丈，最终一穷二白。

而富闲人却把休闲当成了一种工作方式，他们的手脚在闲着，而他们的大脑一刻也没有闲着，所以在别人看来他们一边玩一边就把钱赚了，过着丰富多彩的生活，思考也成为了他们的一大乐趣。

做一个精神上的“富闲族”

有一个美国富商，一年到头都忙于工作，为钱奔波，难得偷得浮生半日闲。有一天，他好不容易忙里偷闲到墨西哥海边的一个小渔村度假。

接近日正当中的时候，他坐在码头上，看到一个渔夫划着一艘小船靠岸，船上装载着好几尾捕获的大鱼。富商闲来无事，为打发时间，就开口问渔夫说：“请问渔夫先生，你要花多少时才能抓这么多鱼？”

渔夫回答道：“不用一个上午的时间，就可以抓到这些鱼了。”

富商又问：“你为什么不一次多抓一些鱼呢？”

渔夫不以为然地回答：“这些鱼已经够一家人吃的了。”

富商再问：“那你每天剩下那么多时间做什么？”

渔夫解释：“我每天睡到自然醒，然后出海抓鱼，回来后陪孩子们玩一玩，再跟老婆睡个午觉，黄昏时到村子里喝点小酒，再和三五好友下下棋，说说笑，唱唱歌，日子可过得充实又快活呢！”

富商听后颇不以为然地帮他出主意说：“我是美国哈佛大学经管硕士，我倒是建议你应该每天多抓一些鱼，多卖一些钱，然后去买条更大的船。然后你可以抓更多的鱼，再买更多的渔船，拥有一支渔船队。到时候你可以捕获好几只船的鱼，就不必把鱼卖给鱼贩，而是直接卖给加工厂，可以获得更多的利润。然后你也可以自己开一家罐头工厂，赚更多的钱。接着你可以搬到大城市，持续经营、扩充你的企业，成为一位亿万富翁。”

渔夫好奇地问：“这样要花多少时间呢？”

富商回答道：“十五年到二十年。”

渔夫又问：“然后呢？”

富商笑着说：“到那个时候你就可以退休，自由自在地过生活，尽情享受人生了！”

渔夫听后，也笑了，回答道：“我现在不就是在过这样的生活吗？”

虽然拥有哈佛大学企管硕士的年轻人，的确很有生意头脑，懂得不断扩张事业，赚取更多的财富。但他的高见对渔夫来说，趋势大费周折，多此一举。因为渔夫并不需要成为亿万富翁，就已经在享受自由自在的生活了。

有很多人，对金钱、权势的追求，会陷入不可自拔的陷阱中，一开始第一个目标是赚一百万，当达到目标后，第二个目标就是一千万，然后第三个目标，接下来还想赚更多的钱，永远不会满足，结果这一生变成对金钱的追逐，自己却不知道该如何享受生活。

钱财乃身外之物，固然生活中少不了需要用钱，但有时身无分文，一样可

以过生活，一样可以从单纯的生活中找到乐趣。有钱有有钱的生活方式，没钱有没钱的生活方式，不管有没有钱，都要找到生活的乐趣，过快乐的生活，没钱也能快乐过活的人，绝对是心灵富有的人。

亚历山大大帝在征服欧洲后，已天下无敌，权倾一时。他虽然享受荣华富贵的生活，有权有势，每天穿着绸缎华服，吃尽山珍海味，但却还是闷闷不乐。

有一天，亚历山大昭告群臣，有谁能告诉他快乐的方法，必有重赏。数日后，果然有一位大臣向亚历山大禀告：“只要找到世上最快乐的人，然后穿上他的衣衫，陛下就会快乐起来。”

亚历山大得知后，立即通令全国上下开始寻找世上最快乐的人，经过几天后，终于找到世上最快乐的人，可是他却衣不蔽体，身上只有几片破布裹身，穷得连一件像样的衣服都没有。

显然，拥有世上一切财富权势的人，不一定快乐；一无所有的人，也可以成为快乐的人。一个快乐的人，快乐的来源绝非来自物质的享受或拥有金山银山，也非有权有势，而是内心真正的无忧无虑、无牵无挂，在简单平淡的生活中，怡然自得，乐趣自然横生。

真正富有的人，不是物质丰富，而是精神富有的人。

用心品味生活

当下，我们的生活丰富多彩起来，可心灵却日渐荒漠与孤独；我们可以感受的东西越来越多，可感官却越来越麻木；我们在追求在奋斗，可脚下却愈加虚空。

生活中原本时时刻刻都充满了快乐，这快乐来自于生活的细枝末节，只有用心发现，生活处处都充满让人为之而感到的幸福。

有这样一个故事：一个欲离婚的女子厌烦了现有的琐屑生活，但她一直对其外祖母的快乐和谐生活充满好奇。有一天她终于忍不住打开了外祖母的

日记，原来里面记录着外公为她洗了多少衣服，吻过她多少次，洗过多少次脚……她终于明白了为什么外祖母一直都那么快乐，原来生活中的琐屑小事便是快乐的源泉。

真实的生活本就是由一件件的琐碎之事连缀而成的，只有用心发现、细细的品味着生活的琐碎，你会觉得生活不是像死水一般，而是富有生气的。生活的快乐，生命的精彩，时时都在我们身边，我们的人生总有许多值得深情相拥的瞬间。我们需要做的是，给自己一份宁静，一份勇气，细致而果敢地寻觅，全身心地品味当下生活的每一个细节。当下，才是真实的人生；此时，才是生命的美好。我们不应过多地守望幸福，而应多多地亲近我们身边的快乐。一旦我们能够虔诚地与当下握手，与心灵交谈，我们还可以真切地知道我们需要的究竟是什么，幸福怎样才是实在可感知的而非缥缈的传说。

在一次电视节目中，主持人问了在场所有观众一个问题："大家觉得，在一个人的生命中，哪个年龄是最好的呢？"

台下观众大声喊着自己认为最好的年龄，但七嘴八舌地总是不能达成一致。

于是，主持人请上来几位观众作为代表，让他们来回答这个问题。

一位七八岁的小女孩说："我认为人生最好的年龄是两三个月的时候，这个时候走路会被爸爸妈妈抱着，吃饭会被爷爷奶奶喂奶，就连上厕所都不用自己动手。这个年龄什么都不用干。所以我认为两三个月才是人生最好的年龄，因为你能在这个年龄得到更多的爱与照顾。"

一位十来岁的小男孩说："我认为是3岁。因为这个年龄不用去上学。可以自己跑着玩儿，可以向父母撒娇，还可以要求他们为自己买许多好吃的。这个年龄是无忧无虑的，我觉得这是人生最好的年龄。"

一位上初中的少年回答："18岁，因为18岁就是成年人了。一个人一旦到了18岁，就可以自己做决定了。可以一个人开车外出，可以向心爱的女生表白，可以独立地生活了。"

一个四十多岁的中年男人回答："我认为是25岁。我记得25岁是我人生精力和体力最充沛的时期。那个时候，我经常工作一夜，第二天照样上班都没有

任何问题。随着年龄的增长，身体也一天不如一天了，精力也越来越差。现在，我45岁了，经常吃了晚饭就开始犯困了。所以，我真的特别怀念自己的25岁。我想其他人也一样，都会感觉25岁是人生最好的年龄。”

一个5岁的小女孩回答：“我认为人生中最好的年龄是在30岁。因为30岁的人可以整天待在家里不去工作，可以和一帮人打麻将，可以和一帮人去逛街，可以天天睡到中午才起床。”有人问这个小女孩的妈妈多大了，小女孩天真地回答：“我妈妈30岁了。她现在就像我刚才说的那样，多么逍遥自在啊！”

一位女士回答：“45岁，因为这个时候大多数人的孩子都已经长大，自身的压力都会变得小一些。这个时候可以好好替自己考虑一下了。所以，我认为这个年龄是最好的，虽然我知道很多人未必会赞同我的观点。”

一位55岁的年人回答：“我认为40岁是最好的年龄。因为这个年龄大多事业有成，老人身体健康，孩子聪明伶俐。自己也通过努力有了一定的社会地位，至少有了些积蓄。一家三代在一起，感觉非常的幸福。”

最后回答的是一位76岁的老人，她笑着说：“我觉得不同的人在不同的年龄段会有不同的回答。他们总是在羡慕某个年龄段，羡慕某个年龄段的生活。其实，你现在的年龄就是最好的。要学会享受现在。所谓的享受生活就是能享受现在。千万不要光顾了羡慕别人，羡慕未来，羡慕过去，忽略了享受现在。因此，我认为任何一个年龄都是好好的。”

话音刚落，台下响起了一阵热烈的掌声。

每个人都在幻想着最美的年龄，却很少有人想到享受现在的年龄。其实生命就是这样，在你羡慕和叹息着美好的事物时，却忽略了自己身上悄然而至的美丽。因此，要懂得享受现在，用心品味，生活本来有滋有味。

面对社会巨大的压力，有些“穷忙族”在职场上为了升迁加薪，在领导面前鞍前马后、阿谀奉承、媚态百出，活得丢掉了尊严；有些人在生意场上，为了生意稳定发展，需要打点好各路官员、各个职能部门，这样才能按章办好各种手续，不制造障碍；有些人为了签下一单业务，虽然自己不胜酒力，却还违心地和客户觥筹交错，即使喝坏身体也无可奈何……当我们的生活每天被这些无奈的事所充满的时候，我们哪有时间和心思去在意我们生活。

知足的人生才会常乐

人之所以不快乐，是因为想要的东西太多，而常常又得不到，或者明明已经得到的东西，总想着会不会有更好的。贪婪就像一个无底洞，越往下就越深，让人无法自拔。

曾经有一个流浪街头的乞丐，每当夜晚躺在公园的长椅上就想，要是哪一天自己能有两万元的钞票就好了。

有一天，他很早就醒过来了，无意中发现不远处有一只很可爱的小狗。他看四下无人，便把小狗抱起来放在椅子上，然后他收拾了自己的“行装”，抱着小狗一起上街去了，却听见周围的人正在谈论那只小狗。原来那只狗并非一般的狗，它是一只进口的外国名犬。它的主人是本市大名鼎鼎的富翁的宝贝女儿。当小狗走失后，他们就全市到处张贴寻狗启示，还在电视台登了寻狗启示：如拾到者，请将狗送回，付酬金两万元。

乞丐得到这个消息，想着自己发财的想法终于要实现了，心里无比地高兴。抱着小狗，向电视台的方向狂奔而去。他已经设想过无数次有了两万元要怎么花。但是，快到电视台的时候，在临街的商店的电视上，他意外地发现，那则启示上的酬金变成了三万元。原来那家人因为一直没见人将狗送上门，心里一着急，便把酬金涨了。

乞丐顿时瞪大了双眼，脚步却突然停了下来。他想了想，把小狗藏在怀里，他已经没有心思去乞讨吃的了，一整天都在街上溜达，不时地关注着电视，等着看电视上寻狗的酬金上涨。第二天，酬金果然涨到了四万元。第三天又涨到了六万元。直到第七天，酬金已经涨到十五万元。乞丐终于决定去换取酬金，这时，他才发现怀里的小狗已经奄奄一息了，早被他给饿死了。乞丐虽然还活着，但是他还是那个身无分文的乞丐。

人的欲望会随着诱惑越来越大，就像这个乞丐一样，他明明可以得到他盼

望已久的两万元，但是他想要得越来越多，到最后却什么也得不到。其实，满足是最真实的财富，知道满足才会获得快乐，而贪婪则是最真实的贫穷，贪婪的人永远不会满足。

其实，在生活中，我们越想得到的东西越容易失去。知足绝非不思进取、故步自封，这只是对当下——对你所拥有的生活的一种正确的反映，只有安心于当下，你的心情才会轻松，你才会把更多的精力放在你应该做的事情上。

人的满足心理是没有极限的，知足是要我们时刻能保持一种良好的心理状态，能将自己的需求和承受能力维持相对的平衡。

有一个人在岸边垂钓，旁边几名游客在欣赏海景，只见垂钓者竿子一扬，钓上了一条大鱼，足有两尺多长，落在岸上后，仍然活蹦乱跳。可是钓鱼的人却轻轻解下鱼嘴内的钓钩，顺手将鱼丢回了海里。围观的人纷纷表示惊讶，这么大的鱼还不能令他满意，可见垂钓者的要求之高。就在众人屏息以待之际，钓者又是鱼竿一扬，这次钓上来的是一条一尺长的鱼，钓者仍是不看一眼，顺手扔进海里。

第三次，钓者的钓竿再次扬起，只见钓线末端钓者一条半尺左右长的小鱼，围观的人以为这条鱼肯定会被扔回海里，不料钓者却将鱼从钩上解下来放进了鱼篓。众人都很迷惑，其中一位忍不住就问钓者为何舍大鱼而要小鱼。钓者回答说：“因为我家里最大的盘子只有一尺长，太大的鱼装不下，所以只能要小鱼。”

所谓知足常乐，就是要奉行简朴的生活原则，避免过度追求占有欲的满足，尽最大的可能享受生活的一切。我们生存所需要的物质条件并不多，无需太多的时间和付出就可以获得。我们应当懂得享受自然，享受清新的空气、明媚的阳光、和煦的微风，而不是一味地为满足欲望而追求钱财、名声、地位而疲于奔命。

好的生活有“质感”

随着时代的发展和进步，人们对生活品质的要求也在与时俱进：坚持健身和运动；有固定的朋友圈子；工作虽然紧张而忙碌，但有足够的闲暇时间；重视低碳生活；有钟爱的品牌和设计风格……这些都算是生活有质感的表现。但是有质感的生活并不是一定要拘泥在这些条件里，而是找到一种质朴的、适合自己的方式。

谈到能改善生活的质量，大多数人第一个联想到的就是“享乐”：豪宅名车、山珍海味、首饰名牌，以及很多需要大量金钱才能买到或办到的。很多人也常常会梦想自己的生活是由异国旅游、与上流社会的人为伍或购买昂贵的商品等组成，就算没有能力负担五花八门的广告怂恿我们去追逐的东西，至少也应该煮一壶咖啡，坐在阳台享受一下午的阳光。

这些享乐是确实会给我们带来一定的满足感，从而觉得生活是一种很有“质量”的状态。到世界各地旅游之所以令人愉快，不但是因为新鲜的刺激感消除了一再重复的例行公事造成的疲惫，也是因为我们知道这是“时髦人士”的生活方式。享乐是高水准生活的重要一环，但享乐本身并不能带来幸福。睡眠、休息、食物与旅行，它们并不能带动心灵的成长，也不能让精神得到真正的安定。

当我们的生活被现代科技变得越来越便利，我们的生活却越来越繁忙。现代化科技能为人们的生活带来便利，却永远无法带来那份闲适的心情。

晒过的衣服有一股淡淡的香气，那是太阳的味道；雨后的草地上别有一番清新，那是青草和土地的味道；天高云淡，落叶纷飞，那是秋天的味道；寒气逼人，清爽凛冽，那是初雪的味道……每天都生活在快节奏之中的穷忙族，因为生活、工作的忙碌而无法停下脚步去想这些让我们生活有质感的细节，反倒常常因为无暇打理家庭和工作中的诸多琐事而烦恼，从而打乱了生活规律，降低了生活质量。

真正有质感的生活，是让人觉得打从心里觉得幸福。幸福属于精神的范畴，取决于灵魂和肉体的感受。幸福也是意识行为，意识决定了幸福的标界和

价值。幸福对于饱受饥饿的人来说，是一碗热粥、一个馒头；对于落魄沧桑的流浪者来说，是一间草屋，一张床榻；对于为生计奔波的人来说，是一张幸运的彩票，一条致富的捷径；对于整日忙碌的小职员来说，是额外的加薪，久盼的升职……

正是这些平凡的生活孕育了真正的幸福。忙碌过后，妻子递上一杯热茶；烦扰时，出门到湖畔散散步；困惑时，有朋友在一旁聊天疏导。很平凡，却足够温馨、幸福。幸福没有统一的答案，也没有固定的模式。幸福的内涵，无限丰富，必须用自己的心灵去捕捉。一段优美的音乐，一支喜爱的歌曲，一壶清茶，一杯咖啡，一句温暖的问候，一句关爱的叮咛，一缕初夏的凉风……都能使人感受到淡淡的幸福。

生活也许就是这样，有钱并不意味着有质感。生活中有许多可爱、可欣赏的东西，而这些东西，往往不是金钱可以换来的，一味追求物质的人是无法体会真正有质感的生活应该是怎样的。而拥有平凡和美好，才是我们应该追寻的生活。

然而，生活中有许多人为了名利而牺牲自己的时间甚至自己的理想，也许他们最后取得了想要的财富或权力，但却失去了享受生活的权利，失去了生活中本该拥有的幸福和快乐。

手捧一本精致的小书，心怀一份闲适的情趣，忘却周遭的喧闹、心中的烦扰，专注入神地品味纯朴简单的生活本质，是何等的惬意。

放慢你的脚步

现在社会已进入所谓双倍速、十倍速、高倍速或超高速时代，凡事讲求速度感。速度快的人，自然能在激烈的竞争中一马当先，在学业、工作、恋爱、婚姻、家庭、事业，乃至职位升迁及财富倍增等方面，都在追求速度。

行得要快，火车速度越提越快，汽车速度越来越快，飞机是超音速或者是亚音速的；吃得要快，于是，快餐店遍布大街小巷，倡导快餐的美式麦当劳和肯德基横扫中国大陆；甚至谈恋爱搞对象也讲求一个“快”，三十分钟的男女速配电视节目受到都市男男女女的极度热捧。如此紧张忙碌的氛围使得陶渊明那种“采菊东篱下，悠然见南山”的悠然与闲暇离现在的生活越来越远。

繁忙的生活使疲于奔命的人们饱受着各种压力，但是又无法停下来。每天每时每刻都感觉自己的神经在不停地运转中，但是，当一个人没有时间去慢慢生活时，他就会有充分的时间去生病了。

让现代人的生活慢下来的确是一件不容易的事，但是我们不可能等到自己因病卧床的时候，才想到要停下脚步去欣赏美妙的生命风景。

有人会说：“我实在太忙，每周要工作六七十个小时，没有时间去锻炼身体，甚至没有太多时间去休息，我有做不完的工作。”还有一些人认为，在竞争如此激烈的社会里，如果慢下来，就很快被淘汰，从而对“慢生活”提出了质疑。其实，“慢生活”不是支持懒惰，放慢速度不是拖延时间，而是让人们在生活中找到平衡，享受到人生的乐趣。

一个人必须同时具备事业心和平常心，这个关键点一定要把握好。如今，西方的一些发达国家已经开始“慢生活运动”，并发展到了一定的程度，在国外，有些人认为，要更好地享受生活，有效的方法就是让生活节奏慢下来，“慢生活”已经成为一种新的主张。

据说意大利作家卡罗·皮迪尼曾经为了抗议在意大利罗马广场新建的一家快餐店，在小镇巴沃罗发出“即使在最繁忙的时候，也不要忘记享受家乡美食”的呼吁。这次呼吁带起了一股全球性的“慢生活”热潮。而现在，全世界的“慢生活”支持者已经发展到数以万计；这些放慢生活脚步的人拥有一套独特的生活方式：他们喜欢“慢餐饮”，反对快餐，主张要在轻松的环境下吃精心烹制的食品，不接听手机，不查看自己的电子邮箱；此外他们还喜欢“慢读书”、“慢运动”……

其实，这样舒适优雅的“慢生活”并不需要太多，而且可以让人们有更多的时间去细细品味生活，丰富阅历，从而达到自我减压的目的。同时还能让身体的运转变得更加正常。既然如此，为什么我们不试着让自己慢

下来呢？

不要急于到处奔波，让你的脚步慢下来！为自己做个计划，清理掉不必要的应酬和消费项目。每个月争取去郊外走一走，和老朋友、老同学聚一次。接着，将工作和生活划分开，每周两天的休息时间全部用来睡觉、看书、和家人相处，哪怕是发呆也好。每天中午，还可以挤出20分钟时间睡个觉；尽量按时下班，买菜回家去慢慢做、慢慢吃；晚上不上网，少看电视，能和家人一起出去散散步的话，就一定不要错过。

慢是一种生活态度，一种独特的生活方式，更是一种能力——慢慢运动、慢慢吃、慢慢读、慢慢思考……所有这些“慢生活”与个人资产的多少是没有太大关系的，只需要有一份平静而从容的心态就可以了。

参考文献

[1] 思不群. 你在忙什么：让自己生活更好的艺术[M]. 北京：电子工业出版社，2011.

[2] 张静宇. 你为什么越忙越穷[M]. 北京：北京理工大学出版社，2009.

[3] 丁军，吴艳龙. 你在忙什么[M]. 北京：石油工业出版社，2008.

[4] 肖剑. 你在忙什么：生命中的关键问题[M]. 北京：九州出版社，2005.